Dähne · Bauabnahme

Risiken und Absicherungsmöglichkeiten bei der Bauabnahme

Ein Rechtsratgeber für
Architekten, Bauunternehmer, Bauträger,
Baubetreuer, Bauherren.

von Dr. Horst Dähne   2., unveränderte Auflage 1982

WEKA-VERLAG Fachverlag für Verwaltung und Industrie

1. Auflage 1981
2., unveränderte Auflage 1982

CIP-Kurztitelaufnahme der Deutschen Bibliothek

Dähne, Horst:
Risiken und Absicherungsmöglichkeiten bei der Bauabnahme: e. Rechtsratgeber für Architekten, Bauunternehmer, Bauträger, Baubetreuer, Bauherren / Horst Dähne. — 2., unveränderte Aufl. —
Kissing; Zürich; Paris; Mailand: WEKA-VERLAG, Fachverlag für Verwaltung und Industrie, 1982.
ISBN 38111-3077-3

© by WEKA-VERLAG GmbH & CO. KG, Industriestraße 21, D 8901 Kissing
Telefon (08233) 5051, Telex 533287 weka d
WEKA-VERLAG · Kissing · Zürich · Paris · Mailand
Alle Rechte vorbehalten, Nachdruck — auch auszugsweise — nicht gestattet.
Satz: Compusatz Ges.m.b.H., Fraunhoferstraße 23, 8000 München
Druck: dd-druck, Aalen
Umschlaggestaltung: B. Stiegler, Augsburg
Printed in Germany 1982
ISBN 3-8111-3077-3

Inhalt

Vorwort 7
Abkürzungsverzeichnis 9
Literaturverzeichnis 11

Einführung[1] 13
1   Bauauftrag als Werkvertrag 14
2   Bedeutung der VOB für das Bauvertragsrecht .. 20

Kapitel 1
Wesen und Bedeutung der Bauabnahme[1] 29
1   Wo ist die Abnahme geregelt? 30
2   Was ist Bauabnahme? 33
3   Warum Bauabnahme? 43

Kapitel 2
Durchführung der Bauabnahme[1] 45
1   Wer muß abnehmen? 48
2   Wann ist die Bauleistung abzunehmen? 68
3   Wann braucht die Bauleistung nicht abgenommen werden? 80
4   Wie wird die Bauleistung abgenommen? 92

Kapitel 3
Wirkungen der Abnahme[1] 123
1   Abschluß der Hauptleistungspflicht des Auftragnehmers 125
2   Welche Wirkungen hat die Abnahme im einzelnen? 127

Anhang 171
Stichwortverzeichnis 179

---

1) Diesem Kapitel ist eine Inhaltsübersicht vorangestellt.

Vorwort

Die Bautätigkeit nimmt nicht nur einen beachtlichen Rang in unserem Wirtschaftsleben ein, sondern wird auch immer schwieriger, aufwendiger und risikoreicher. Trotzdem verwundert es, mit welcher Unbekümmertheit oft Bauwillige ihr Vorhaben angehen, jedoch nachher – um viele „teuere" Erfahrungen reicher – einsehen müssen, daß eine gründlichere Vorbereitung viel Geld und Nervenkraft erspart hätte.

Eine Bauleistung muß nicht nur materiell, sondern auch ideell fundiert sein, d. h. daß zuerst einmal umfangreiche Planungen, Berechnungen und Voruntersuchungen nötig sind, bevor das Bauwerk selbst entstehen kann. Dabei ist der Bauherr stets auf Hilfspersonen angewiesen, weil ihm selbst die erforderliche Sachkunde oder die nötigen Mittel fehlen. Dieses „Vertrauen" gegenüber Architekten, Statikern, Sonderfachleuten und Bauunternehmern findet seinen Schutz vor Enttäuschungen allein in einer verbindlichen Regelung der gegenseitigen Rechte und Pflichten. Zur ordnungsgemäßen Bauvorbereitung gehört also auch der Abschluß entsprechender Verträge, in denen wenigstens die typischen Streitfragen geregelt sind.

Das Baurecht hat – wie jede Spezialmaterie – eine eigene Sprache entwickelt, die in solche Verträge Eingang gefunden hat. So soll das vorliegende Werk dazu beitragen, den Rechtsbegriff „Bauabnahme" verständlich und für die Praxis nutzbar zu machen. Ferner werden Hinweise gegeben, was schon bei Vertragsschluß zu beachten ist, damit spätere Streitigkeiten vermieden werden. Es gilt nämlich im Baurecht mehr als sonstwo der Grundsatz: *Die besten Prozesse sind die, die erst gar nicht geführt werden müssen.*

Das Werk ist in erster Linie für den Praktiker geschrieben, auf eine juristische Ausdrucksweise wird deshalb weitgehend verzichtet. Lediglich die angegebene Literatur und Rechtsprechung, die zur Vertiefung der behandelten Probleme dient, wendet sich an den Rechtskundigen. Die Aufsätze und Urteile sind in die Erläuterungen aber bereits eingearbeitet. Wichtige Hinweise für die Praxis sind besonders gekennzeichnet. Einfache Beispiele sollen zum besseren Verständnis der aufgezeigten Probleme beitragen.

Da die Abnahme allein vom Bauherrn durchzuführen ist, wendet sich dieses Buch hauptsächlich an ihn selbst bzw. seinen Architekten, die Sonderfachleute und die Baubetreuer. Aber auch für den Auftragnehmer ist es von Wert, weil ihm aufgezeigt wird, unter welchen Voraussetzungen seine Leistung „abnahmereif" ist und wie die aus der Abnahme entstehenden Rechte durchgesetzt werden können.

Es bleibt zu hoffen, daß die folgenden Ausführungen dazu beitragen, vermeidbaren Ärger bei der Durchführung von Bauvorhaben auszuschließen.

Abkürzungsverzeichnis

a. A.	anderer Ansicht
Abs.	Absatz
a. F.	alte Fassung
AG	Auftraggeber
AGBG	Gesetz zur Regelung des Rechts der Allgemeinen Geschäftsbedingungen
AN	Auftragnehmer
Anm.	Anmerkung
ArGe	Arbeitsgemeinschaft
B	Besteller
BauR	Baurecht (Zeitschrift)
BayBO	Bayerische Bauordnung
BB	Betriebsberater (Zeitschrift)
BGB	Bürgerliches Gesetzbuch
BGH	Bundesgerichtshof
Bl.	Blatt
DB	Der Betrieb (Zeitschrift)
DIN	Norm des Deutschen Normenausschusses
e. V.	eingetragener Verein
EVM	Einheitliche Verdingungsmuster
ff	folgende
GewO	Gewerbeordnung
ggf.	gegebenenfalls
GmbH	Gesellschaft mit beschränkter Haftung
GOA	Gebührenordnung für Architekten
GOI	Gebührenordnung für Ingenieure
HGB	Handelsgesetzbuch
h. M.	herrschende Meinung
HOAI	Honorarordnung für Architekten und Ingenieure
i. V. m.	in Verbindung mit
JZ	Juristenzeitung (Zeitschrift)
KG	Kammergericht
KG	Kommanditgesellschaft

MDR	Monatsschrift für Deutsches Recht (Zeitschrift)
m. E.	meines Erachtens
n. F.	neue Fassung
NJW	Neue Juristische Wochenschrift (Zeitschrift)
o. g.	oben genannte(r)
OLG	Oberlandesgericht
Rdnr.	Randnummer
S.	Seite
U	Unternehmer
usw.	und so weiter
vgl.	vergleiche
VOB/A/B/C	Verdingungsordnung für Bauleistungen, Teil A, B, C
VersR	Versicherungsrecht (Zeitschrift)
WM	Wertpapiermitteilungen (Zeitschrift)
ZfBR	Zeitschrift für deutsches und internationales Baurecht
ZPO	Zivilprozeßordnung

Literaturverzeichnis

Beigel	Praxisbewährte Musterverträge für Architekten[1]; WEKA-VERLAG, Kissing, 1980
Bindhardt	Die Haftung des Architekten; 7. Aufl., Düsseldorf, 1974
Brügmann	Der Bauvertrag; Köln-Braunsfeld, 1974
Daub-Piel-Soergel-Steffani	Kommentar zur VOB, Band 2, Kommentar zu Teil B; Wiesbaden und Berlin, 1976
Döbereiner-Liegert	Baurecht für Praktiker; Wiesbaden, 1977
Heiermann-Riedl-Schwaab	Handkommentar zur VOB, Teil A und B, Fassung 1973; Wiesbaden und Berlin, 1975
Heiermann	Die neue VOB Teil A und B, Fassung 1973; Erwägungsgründe und Hinweise; Frankfurt a. M., 1974
Hereth-Ludwig-Naschold	Kommentar zur VOB, Fassung 1952, Band II, Erläuterungen zu Teil B; Wiesbaden – Berlin, 1954
Herding-Schmalzl	Vertragsgestaltung und Haftung im Bauwesen; 2. Aufl. München und Berlin, 1967
Hesse-Korbion-Mantscheff	Honorarordnung für Architekten und Ingenieure; München, 1978
Ingenstau-Korbion	Verdingungsordnung für Bauleistungen, Teil A und B, Kommentar; 9. Auflage, Düsseldorf, 1980
Kaiser	Das Mängelhaftungsrecht der VOB, Teil B; 2. Aufl., Heidelberg und Karlsruhe, 1979
Korbion-Hochstein	Der VOB-Vertrag, Einführung in das System der VOB-Vertragsbedingungen; Düsseldorf, 1976

---

[1] Dieses Fachbuch ist unter der Bestell-Nr.: ISBN 3-8111-3023-4 über den Buchhandel bzw. direkt beim WEKA-VERLAG, Industriestr. 21, 8901 Kissing, zu beziehen.

Literaturverzeichnis

Kromik-Schwager	Die neue VOB (Teil B)[2]; WEKA-VERLAG, Kissing, 1980
Locher	Das private Baurecht, Kurzlehrbuch; 2. Aufl., München, 1978
Motzke	Neue Rechte und Pflichten für Architekten nach HOAI, AGB-Gesetz, Energieeinsparungsgesetz[3]; WEKA-VERLAG, Kissing, 1979
Motzke	Haftung im Bauwesen – Risiken und Absicherungsmöglichkeiten für Architekten, Bauunternehmer, Sonderfachleute und Bauherren[4]; WEKA-VERLAG, Kissing, 1980
Palandt (Bearbeiter)	Bürgerliches Gesetzbuch; 40. Aufl., München 1981
Pietsch	Die Abnahme im Werkvertragsrecht: Geschichtliche Entwicklung und geltendes Recht; Dissertation, Hamburg, 1976
Schäfer-Finnern, Hochstein	Rechtsprechung zum privaten Baurecht (Früher: Rechtsprechung der Bauausführung); Loseblattsammlung, Düsseldorf, Stand 1981
Schmalzl	Die Haftung des Architekten und des Bauunternehmers; 4. Aufl., München, 1980
Weilbier	Baugewerbe und Bauverträge; 5. Aufl., Berlin, 1953
Werner-Pastor	Der Bauprozeß; 3. Aufl., Düsseldorf, 1978
Wussow	Haftung und Versicherung bei der Bauausführung; 3. Aufl., Köln, 1971

---

[2][3][4] Diese Fachbücher sind unter den Bestell-Nr.: ISBN 3-8111-7251-4, ISBN 3-8111-7260-3, ISBN 3-8111-8890-9 über den Buchhandel bzw. direkt beim WEKA-VERLAG, Industriestr. 21, 8901 Kissing, zu beziehen.

Einführung

Inhaltsübersicht	1	Bauauftrag als Werkvertrag	14
	1.1	Werkvertrag (§§ 631 ff BGB)	14
	1.2	Bauauftrag als Werkvertrag	15
	1.2.1	Abgrenzung des Bauauftrages zum Werklieferungsvertrag	16
	1.2.2	Bauleistung	16
	1.2.3	Inhalt der Bauleistung	17
	1.2.4	Literatur und Rechtsprechung	18
	2	**Bedeutung der VOB für das Werkvertragsrecht**	20
	2.1	BGB und VOB	20
	2.2	VOB als Spezialregelung für Bauaufträge	21
	2.2.1	VOB/A	21
	2.2.2	VOB/B	22
	2.2.3	VOB/C	22
	2.3	Rechtsnatur der VOB/B	22
	2.3.1	Weder Gesetz noch Rechtsverordnung	22
	2.3.2	Weder Gewohnheitsrecht noch Handelsbrauch	23
	2.3.3	Allgemeine Geschäftsbedingungen	23
	2.3.4	Kollisionsregelung in VOB-Werkverträgen	23
	2.4	Inhalt der VOB/B	24
	2.4.1	Zusätzliche Vereinbarungen	24
	2.4.2	Würdigung der VOB/B	25
	2.4.3	Verwendung der VOB/B	26
	2.5	Literatur und Rechtsprechung	27

1 Bauauftrag als Werkvertrag

1.1 Werkvertrag (§§ 631 ff BGB)

Im Besonderen Teil des Schuldrechts hat das Bürgerliche Gesetzbuch aus der zur Zeit seiner Entstehung herrschenden Sicht die gängigsten Vertragsarten, die damals – Ende des 19. Jahrhunderts – im Alltag vorkamen, dargestellt und rechtlich geordnet. Es finden sich dort Kauf, Miete, Pacht, Leihe, Dienst- und Werkvertrag, Geschäftsbesorgung u.a.m.
Diese Haupttypen haben auch heute noch, trotz stärkerer Differenzierung und Aufsplitterung des privatrechtlichen Lebensbereiches ihre grundlegende Bedeutung behalten, ganz abgesehen davon, daß sie nach wie vor vom Gesetz als Modelle herausgestellt werden, in die ein Sachverhalt einzuordnen ist, um seine rechtliche Regelung zu erfahren.

Die Errichtung eines Bauwerks fällt, rechtlich gesehen, unter den Begriff des *Werkvertrages.* Gem. § 631 BGB wird der Unternehmer zur Herstellung des versprochenen Werkes, der Besteller zur Entrichtung der vereinbarten Vergütung verpflichtet. Das „versprochene Werk" besteht also nicht nur in der Überlassung eines Gegenstandes – dadurch unterscheidet es sich vom Kaufvertrag (§§ 433 ff BGB) – und auch nicht nur in der bloßen Zurverfügungstellung von Arbeitskraft – im Unterschied zum Dienstvertrag (§§ 611 ff BGB) –, sondern in einer Kombination von beidem: Der Unternehmer verpflichtet sich, durch seine eigene Arbeitsleistung ein Werk herzustellen und dieses seinem Vertragspartner zu überlassen. In den §§ 631 – 651 BGB werden die Rechtsbeziehungen zwischen den Partnern eines solchen Werkvertrages geregelt.

Die Besonderheit des Werkvertrages liegt also darin, daß bei Abschluß der Vereinbarung hinsichtlich des erstrebten Zieles lediglich eine Idee besteht. Diese soll der Unternehmer verwirklichen, wozu er auch als Fachmann in der Lage sein muß, und dem Besteller zur Verfügung stellen. Der Werkvertrag ist also auf einen Erfolg, rechtstechnisch gesprochen: auf ein „Werk" oder eine „Leistung" hin, ausgerichtet; der Unternehmer hat dies in Eigenverantwortung, d.h. auf eigenes Risiko, herbeizuführen.

Beispiele

Mit voller Absicht verwendet das Gesetz bei seiner Begriffsbestimmung allgemeine Ausdrücke. Denn nur so können alle denkbaren Möglichkeiten erfaßt werden. Der „Leistungserfolg" muß sich nämlich nicht notwendig als eine Sache darstellen, wie z.b. ein Bauwerk, sondern kann auch im rein ideellen Bereich liegen. Als Beispiele seien hier genannt: die Vornahme einer medizinischen Operation, die Erstattung eines Sachverständigengutachtens, der Vortrag eines Musikstückes oder die Führung eines Rechtsstreits.

Diese Beispiele, die noch beliebig weiter fortgeführt werden könnten, zeigen deutlich, daß auf Seiten des Unternehmers die Fach- und Sachkunde im Vordergrund steht, wogegen die Fragen „Zeitaufwand" und „Materialeinsatz" zurücktreten. Außerdem dürfte leicht verständlich sein, daß es bei einer solchen Vielzahl von Möglichkeiten, die unter den Begriff „Werkvertrag" fallen, unmöglich ist, mit den notwendigerweise allgemein gehaltenen BGB-Vorschriften allen Spezialfällen gerecht zu werden. Die entsprechenden Berufszweige und Branchen haben vielmehr eigene Vorschriften entwickelt, die von Fall zu Fall in den Vertrag mit aufgenommen werden können, soweit es nicht sogar formelle Gesetze gibt, die solche Spezialmaterien regeln. Dazu gehören z.b. die §§ 651 a ff BGB (Reisevertrag) §§ 407, 425, 556, 664 ff HGB (Beförderungsleistungen, Fracht, Spedition), §§ 26 ff Binnenschiffahrtsgesetz, Postgesetz, Güterkraftverkehrsgesetz, Güterfernverkehrsgesetz, Personenbeförderungsgesetz. Die größte Bedeutung jedoch haben die „Allgemeinen Geschäftsbedingungen", d.h. die für eine Vielzahl von Verträgen vorformulierten Vertragsbedingungen, die eine Vertragspartei der anderen beim Abschluß eines Vertrages stellt (§ 1 AGB-Gesetz). Da es sich bei den §§ 631ff BGB um überwiegend abdingbares Recht

Vertrag und AGB

handelt, gelten die in den Vertrag aufgenommenen Allgemeinen Geschäftsbedingungen vorrangig, d.h. sie verdrängen die gesetzlichen Vorschriften. Diese finden nur dort Anwendung, wo eine Spezialregelung durch die Allgemeinen Geschäftsbedingungen fehlt, was im Zusammenhang mit der Abnahme bei VOB-Verträgen noch bedeutsam sein wird.

1.2 Bauauftrag als Werkvertrag

Im Rechts- und Geschäftsleben hat es sich eingebürgert, den Werkvertrag über die Errichtung einer Baumaßnahme als „Bauauftrag" zu bezeichnen. Da dieser auch nicht – wie es üblicherweise bei einem Vertrag heißt – „abgeschlossen", sondern „erteilt" wird, nennt sich der Besteller folgerichtig „Auftraggeber" und der Unternehmer „Auftragnehmer". Diese Begriffe haben sich allgemein durchgesetzt und sie werden auch, soweit dies sprachlich möglich ist, bei den folgenden Ausführungen verwendet.

1.2.1 Abgrenzung des Bauauftrages zum Werklieferungsvertrag

Der Werklieferungsvertrag ist im § 651 BGB geregelt. Danach ist der Unternehmer verpflichtet, das Werk aus einem von ihm zu beschaffenden Stoffe herzustellen. Daraus ist zu entnehmen, daß Gegenstand des Werklieferungsvertrages nur körperliche Sachen sein können. Folglich wird der Unternehmer auch des weiteren verpflichtet, dem Besteller die hergestellte Sache zu übergeben und das Eigentum daran zu verschaffen.

Der Bauauftrag scheint, auf den ersten Blick hin, diese Voraussetzungen zu erfüllen. Der Auftragnehmer ist in der Regel verpflichtet, die Baustoffe zu beschaffen und damit seine Leistung zu erbringen. Die Fälle, in denen er vom Auftraggeber „beigestellte" Stoffe zu verwenden hat, können als Ausnahmen bezeichnet werden, ganz abgesehen davon, daß dabei die Verantwortlichkeit des Auftragnehmers stark eingeschränkt wird. Denn eine Pflicht zur Gewährleistung besteht nur dann, wenn er die beigestellten Materialien nachweislich nicht oder nur unzureichend geprüft hat.

Der Bauauftrag ist ein Werkvertrag

Gleichwohl wird aber der Bauauftrag von Literatur und Rechtsprechung einhellig als reiner Werkvertrag bezeichnet. Dies wird damit begründet, daß die fachliche Arbeitsleistung, die zur Errichtung der Baumaßnahme notwendig ist, eindeutig überwiegt und die Lieferung der dazu benötigten Stoffe demgegenüber zurücktritt, ja im Vergleich zum Arbeitseinsatz relativ bedeutungslos ist.

1.2.2 Bauleistung

Gegenstand des Bauauftrages ist die zu erbringende Bauleistung. Normalerweise würde man darunter das fertige Endprodukt, also z.B. ein schlüsselfertig erstelltes Haus, verstehen. Diese Aussage muß aber etwas differenziert werden, denn eine Baumaßnahme

Bauauftrag und „Gewerk"

ist nicht das Werk eines einzelnen Auftraggebers – sieht man einmal von gewissen Sonderfällen ab (Generalunternehmer, Generalübernehmer, Bauträger) –, sondern besteht wegen ihrer Kompliziertheit im Zusammenwirken mehrerer Bauunternehmer, welche die einzelnen Leistungsteile oder, fachlich ausgedrückt, „Gewerke" zu erbringen haben. Eine zunehmende Spezialisierung und erhöhte Ansprüche an Wohnkomfort und Ausstattung lassen die Zahl der am Bau beteiligten Handwerker ständig weiter anwachsen. Dazu kommen noch Planung und Bauleitung durch den Architekten sowie die Leistungen des Statikers und evtl. der Sonderfachleute: Heizungs-, Klima-, Lüftungsanlagen; Elektroausstattung; Gas-, Wasser-, Sanitäreinrichtungen; Wärmedämmung; Akustik usw.

Zusammenfassend wäre also zu sagen, daß sich die vollendete Baumaßnahme aus einer Vielzahl von Einzelleistungen zusammensetzt. Jedes dieser Gewerke, das durch Bauhandwerker unmittelbar am Bau erbracht wird und für das ein eigener Auftrag erteilt wurde, ist eine „Bauleistung" im Sinne der nachfolgenden Ausführungen und damit Anknüpfungspunkt für gegenseitige Rechte und Pflichten zwischen Auftraggeber und Auftragnehmer.

1.2.3 Inhalt der Bauleistung

Bisher wurde im Zusammenhang mit der Bauleistung immer von der „Errichtung eines Bauwerkes" gesprochen. Diese Ausdrucksweise ist jedoch mißverständlich, weil sie den Begriff „Bauleistung" nur unvollkommen wiedergibt. In § 1 Abs. 1 VOB/A ist nämlich gesagt, Bauleistungen seien *Bauarbeiten jeder Art* mit oder ohne Lieferung von Stoffen oder Bauteilen. Unabhängig von der später zu erörternden Frage, inwieweit diese Bestimmung verbindlich ist, darf darauf hingewiesen werden, daß die hier gegebene Definition rechtlich zutreffend ist und allgemeine Gültigkeit besitzt.

Davon ausgehend muß man sagen, daß nicht nur das Werk als Ganzes, sondern auch einzelne Bauteile unter diesen Begriff fallen, z.B. Rohbau, Zimmererarbeiten, Dachdeckung, Putzarbeiten usw., wobei Voraussetzung ist, daß eine feste Verbindung mit dem Gebäude besteht. Ferner zählen dazu auch Arbeiten, die der Erneuerung oder Veränderung eines bereits bestehenden Bauwerks dienen, also An-, Um- und Erweiterungsbauten. Einen Sonderfall stellen demgegenüber die reinen Reparaturarbeiten

**Architektenvertrag
– „Bauleistung"**

dar: Hier hat die Rechtsprechung die Eigenschaft als Bauleistung nur dann zugestanden, wenn die Arbeiten für Konstruktion, Bestand oder Erhaltung des Gebäudes von wesentlicher Bedeutung sind.

Schließlich sind in diesem Zusammenhang auch gewisse Vorbereitungen zu nennen, die sich auf das Grundstück selbst beziehen und der Baumaßnahme unmittelbar vorausgehen, z.b. Ausschachtungs- und Abbrucharbeiten. Entgegen früherer Rechtsansicht werden diese Tätigkeiten heute einhellig dem Begriff „Bauleistungen" in dem o.g. Sinne zugeordnet. Dasselbe gilt für Arbeiten zum Schutz der Bauleistung, z.b. Abdeckungen gegen Schnee, Regen und Frost, und zur Vorbereitung der Durchführung, z.B. Gerüstbau. Dagegen fallen Architekten-, Statiker- und Ingenieurleistungen, obwohl sie dem Werkvertragsrecht angehören, nicht unter den Begriff der Bauleistung gem. § 1 Nr. 1 VOB/A.

1.2.4 Literatur und Rechtsprechung

Aufsätze

Schmalzl: Zum Begriff der Bauleistung i.S. von § 7 Nr. 1 VOB/B, BauR 1972, S. 276

Ursprung: Die Bauleistung: BauR 1973, S. 342

Johlen: Gehört die Ausschachtung zu den Arbeiten am Bauwerk im Sinne der §§ 638, 648 BGB? NJW 1974, S. 732

v. Craushaar: Bauwerkleistungen im Sinne von § 638 BGB, NJW 1975, S. 993

v. Craushaar: Die Verjährung der Gewährleistungsansprüche bei Bauleistungen am fertigen Gebäude; BauR 1980, S. 112

Urteile

OLG Düsseldorf vom 12.02.1975, 19 U 25/74

Zur Abgrenzung zwischen einem Dienstverschaffungs- und einem Subunternehmervertrag (Werkvertrag)
BauR 1976, S. 281
BGH vom 06.11.1969, VII ZR 159/67

Unter Arbeiten bei Bauwerken im Sinne des § 638 BGB sind nicht nur die Herstellung eines neuen Gebäudes, sondern auch die Arbeiten zu verstehen, die für Erneuerung und Bestand eines Gebäudes von wesentlicher Bedeutung sind (amtlicher Leitsatz, Auszug).
BGH /253, S. 43; BauR 1970, S. 45; NJW 1970, S. 419; VersR 1970, S. 176; JZ 1970, S. 289;

BGH vom 16.09.1971, VII ZR 5/70
Ein Rohrbrunnen kann ein „Bauwerk" im Sinne des § 638 Abs. 1 BGB darstellen.
BauR 1971, S. 256; NJW 1971, S. 2219

BGH vom 13.01.1972, VII ZR 46/70
Die Gleisanlagen der Bundesbahn sind ein „Bauwerk" im Sinne des § 638 BGB und des § 13 Nr. 4 VOB/B.
BauR 1972, S. 172; MDR 1972, S. 410; VersR 1972, S. 375

BGH vom 08.03.1973, VII ZR 43/71
Unter Arbeiten am Bauwerk im Sinne von § 638 BGB sind nach der Rechtsprechung nicht nur Herstellung eines neuen Gebäudes, sondern auch Arbeiten zu verstehen, die für die Erneuerung und den Bestand des Gebäudes von wesentlicher Bedeutung sind, sofern die eingebauten Teile mit dem Gebäude fest verbunden sind.
BauR 1973, S. 246

BGH vom 24.03.1977, VII ZR 220/75
Die Ausschachtung der Baugrube gehört zu den Arbeiten an einem Grundstück im Sinne des § 638 Abs. 1 BGB.
NJW 1977, S. 1146; BauR 1977, S. 203

BGH vom 30.03.1978, VII ZR 48/77
Zur Abgrenzung zwischen Arbeiten an einem Grundstück und bei Bauwerken (hier: Elektroinstallation).
NJW 1978, S. 1522; BauR 1978, S. 303; DB 1978, S. 2261; MDR 1978, S. 921

BGH vom 27.03.1980, VII ZR 44/79
Werden aufgrund eines Werklieferungsvertrages über unvertretbare Sachen Gegenstände zur Verwendung in einem bestimmten Bauwerk hergestellt, so handelt es sich um Arbeiten bei Bauwerken (Amtlicher Leitsatz, Auszug).
BauR 1980, S. 355; MDR 1980, S. 748; NJW 1980, S. 2081; BB 1980, S. 1240

2 Bedeutung der VOB für das Werkvertragsrecht

2.1 BGB und VOB

Wie bereits in den allgemeinen Ausführungen zum Werkvertragsrecht angedeutet, lassen die §§ 631 ff BGB zahlreiche Möglichkeiten bezüglich des Leistungserfolges zu. Die Regelung der Hauptpflichten in § 631 Abs. 1 und 2 BGB ist so allgemein gehalten, daß das vom Unternehmer geschuldete Ergebnis

Art der
„Leistung"

körperlicher oder geistiger,
materieller oder inmaterieller,
sachlicher oder persönlicher

Natur sein kann. Bei einer Baumaßnahme vereinigen sich geistige (d. h. planerische) und körperliche (d. h. ausführende) Tätigkeit zu dem letztlich angestrebten Erfolg. In anderen Fällen liegt dieser, losgelöst vom Materiellen, allein im akustischen oder optischen Bereich, wie beim Vortrag eines Musikstückes oder bei einer Pantomime. Er kann sich aber auch in der Person des Bestellers, z. B. bei einer ärztlichen oder zahnärztlichen Behandlung, konkretisieren. Bei dieser unerhörten Bandbreite von Leistungsmöglichkeiten, die in nur 20 Paragraphen geregelt werden, muß natürlich die Genauigkeit auf der Strecke bleiben, es können nur grobe Leitlinien vorgegeben werden. Die notwendige Konkretisierung erfolgt dann innerhalb der einzelnen Branchen durch eigene auf die Besonderheiten zugeschnittene Muster, die einvernehmlich zum Vertragsinhalt gemacht werden.

2.2 VOB als Spezialregelung für Bauaufträge

Diese Konkretisierung erfolgt im Bereich der Bauwirtschaft durch die Verdingungsordnung für Bauleistungen (VOB), eine Regelung, die bereits seit dem Jahre 1926 besteht und bis heute ständig überarbeitet worden ist. Verantwortlich hierfür ist der Deutsche Verdingungsausschuß (DVA), ein von allen Interessengruppen paritätisch besetztes Gremium. Im Vorwort zur Bearbeitung 1973 ist folgendes gesagt: „Der Bauvertrag ist gesetzlich nicht speziell geregelt. Sofern von den Vertragspartnern im Einzelfall keine individuellen Vereinbarungen getroffen werden, kommen die allgemeinen Vorschriften des Werkvertragsrechts des BGB zur Anwendung. Diese wiederum können aufgrund ihrer globalen Natur nicht als ausreichender Rahmen für die vielfältigen sachlichen und rechtlichen Probleme des Bauvertrages bezeichnet werden. Diese – wenn man so will – im Gesetz vorhandene „Lücke" hat die interessierten Kreise der Bauwirtschaft veranlaßt, selbst für Abhilfe zu sorgen. Von Vertretern der Auftraggeber- und Auftragnehmerseite wurde die Verdingungsordnung für Bauleistungen (VOB) geschaffen, die in ihren drei Abschnitten detaillierte Regelungen für die inhaltliche Gestaltung von Bauverträgen anbietet."

2.2.1 VOB/A

Teil A der VOB enthält die „Allgemeinen Bestimmungen für die Vergabe von Bauleistungen", befaßt sich also mit der Rechtslage bis zum Zustandekommen des Vertrages. Diese Bestimmungen sind für die öffentliche Hand verbindlich, d. h. sie muß danach verfahren. Es handelt sich also insoweit um eine innerdienstliche Verwaltungsanweisung, deren Einhaltung aber von außen nicht erzwungen werden kann. Ein Vorstoß gegen diese kann jedoch den Vertragspartner berechtigen, Schadensersatzansprüche gegen den Dienstherrn des Bearbeiters, der diese Vorschriften verletzt hat, geltend zu machen.

Verwaltungsanweisung

Privatpersonen sind nicht an die VOB/A gebunden, es steht ihnen frei, danach zu verfahren oder auch nicht.

2.2.2 VOB/B

Die „Allgemeinen Vertragsbedingungen für die Ausführung von Bauleistungen" behandeln die Beziehungen der Vertragspartner nach Erteilung des Bauauftrags bis zur Erfüllung der gegenseitigen Pflichten. Sie entsprechen im wesentlichen den gesetzlichen Regelungen der §§ 631 – 651 BGB, d. h. sie ersetzen oder ergänzen diese Vorschriften.

2.2.3 VOB/C

DIN-Normen

Auch diese Bestimmungen sind Bestandteil des Vertrages, wie § 1 Nr. 1 Satz 2 VOB/B ausdrücklich besagt. Es handelt sich dabei aber um die „Allgemeinen Technischen Vorschriften für Bauleistungen", oder kurz gesagt: DIN-Normen. Diese gliedern sich in Erd- und Grundbauarbeiten (DIN 18 300 – DIN 18 318), landschaftsgärtnerische Arbeiten (DIN 18 320), Rohbauarbeiten (DIN 18 330 – DIN 18 339) und Ausbauarbeiten (DIN 18 350 – DIN 18 421) sowie einen Anhang über Gerüstarbeiten (DIN 18 451).

2.3 Rechtsnatur der VOB/B

Die VOB ist nach dem Willen des Verfassers, des Deutschen Verdingungsausschusses, „Grundlage für die Ausgestaltung von Bauverträgen". Für die öffentliche Hand stellt sie eine Einkaufsvorschrift dar, die entsprechend den haushaltsmäßigen Grundsätzen eine zweckmäßige und wirtschaftliche Deckung des Bedarfs an Bauleistungen sicherstellen soll. Der Teil B, von dem jetzt nur noch allein die Rede sein soll, ergänzt oder ersetzt das Werkvertragsrecht des BGB durch spezielle, baubezogene Regelungen.

2.3.1 Weder Gesetz noch Rechtsverordnung

Die VOB/B ist weder Gesetz im formellen Sinne, noch eine Rechtsverordnung. Dazu fehlen nicht nur die verfahrensmäßigen Voraussetzungen, sondern es mangelt ihr auch an der zwingenden Allgemeinverbindlichkeit, die jenen Vorschriften eigen ist.

2.3.2 Weder Gewohnheitsrecht noch Handelsbrauch

Ebensowenig kann sie als Gewohnheitsrecht oder als Handelsbrauch bezeichnet werden. Denn wenn sie auch bei Behördenbauten bereits regelmäßig Anwendung findet, ist sie doch bei privaten Auftraggebern (noch) nicht allgemein bekannt. „Gewohnheitsrecht" verlangt aber *allgemeine* Kenntnis und *allgemeine* Anwendung in Rechtsüberzeugung, der „Handelsbrauch" ebenfalls, wenn auch nur bezogen auf Kaufleute (§ 346 HGB).

2.3.3 Allgemeine Geschäftsbedingungen

Rechtsnatur der VOB: AGB

Die VOB/B ist von ihren Verfassern als Vertragsmuster geschaffen worden; sie kann nur Inhalt des Bauauftrages werden, wenn die Parteien dies zweifelsfrei vereinbaren. Sie gehört also nach heutiger Rechtslage zu den sog. Allgemeinen Geschäftsbedingungen, nimmt dabei aber eine Sonderstellung ein, weil sie von einem paritätisch besetzten Gremium aufgestellt worden ist. Dies führte nämlich dazu, daß die VOB/B nicht einseitig die Interessen des Auftraggebers oder des Auftragnehmers wahrt, sondern einen vernünftigen, wohlabgewogenen Ausgleich der gegenseitigen Rechte und Pflichten vornimmt, was durch die Rechtsprechung des Bundesgerichtshofes schon mehrfach bestätigt worden ist.

In § 23 Abs. 2 Nr. 5 des Gesetzes zur Regelung des Rechts der Allgemeinen Geschäftsbedingungen (AGBG) vom 09.12.76 ist gesagt, daß gewisse Verbote dieses Gesetzes keine Anwendung auf die VOB/B finden. Diese zum Verbraucherschutz getroffene Bestimmung hat dadurch eine doppelte Bedeutung:
Zum einen wird kraft Gesetzes festgestellt, daß die VOB zu den Allgemeinen Geschäftsbedingungen zählt, zum anderen wird ihr Bemühen um gerechte Interessenabwägung gewürdigt, indem gewisse Klauseln als rechtens angesehen werden, die in anderen Allgemeinen Geschäftsbedingungen unwirksam wären.

2.3.4 Kollisionsregelung in VOB-Werkverträgen

Die VOB/B ist also, wenn vereinbart, Inhalt des Bauauftrages. Sie erzeugt für Auftraggeber und Auftragnehmer gegenseitige Rechte und Pflichten. Die Rangfolge, die ihre Vorschriften bei widersprüchlichen Vertragsbestimmungen einnehmen, ergibt sich aus § 1 Nr. 2 VOB/B. Demgemäß gelten nacheinander:

**Kollisions-
regelung**

a) die Leistungsbeschreibung,
b) die Besonderen Vertragsbedingungen,
c) etwaige Zusätzliche Vertragsbedingungen,
d) etwaige Zusätzliche Technische Vorschriften,
e) die Allgemeinen Technischen Vorschriften für Bauleistungen,
f) die Allgemeinen Vertragsbedingungen für die Ausführung von Bauleistungen.

Diese Aufzählung muß gedanklich noch vervollständigt werden durch
g) die Vorschriften des BGB, insbesondere die §§ 631 ff.

2.4 Inhalt der VOB/B

2.4.1 Zusätzliche Vereinbarungen

Nach den bisher gemachten Erörterungen ist also der VOB-Vertrag ein Werkvertrag, dem die Parteien die VOB/B als Inhalt zugrunde gelegt haben. Damit sind automatisch auch die Regeln der VOB/C in den Vertrag mit aufgenommen, wie aus § 1 Nr. 1 Satz 2 VOB/B hervorgeht. Gleichwohl ist aber hier der Hinweis angebracht, daß die VOB/B an manchen Stellen ausdrücklich noch Platz für Individualregelungen gelassen hat, worüber die Parteien *zusätzlich* eine konkrete Vereinbarung treffen müßten. Beispielsweise seien hier genannt:

**VOB und
Individual-
regelungen**

§ 2 Nr. 10 und 15 Nr. 1: Stundenlohnarbeiten
§ 3 Nr. 5: Beschaffung von Unterlagen durch den Auftragnehmer
§ 4 Nr. 4: Benutzung oder Mitbenutzung verschiedener Einrichtungen
§ 5 Nr. 1: Baufristen
§ 11 Nr. 1: Vertragsstrafe
§ 13 Nr. 4: Gewährleistungsfrist
§ 16 Nr. 2: Vorauszahlungen
§ 17 Nr. 1: Sicherheitsleistung
§ 18 Nr. 1: Gerichtsstand

Fehlt es an dieser vorgesehenen Einzelvereinbarung, so entfällt entweder die Regelung ganz oder es gilt die dafür getroffene gesetzliche bzw. vertragliche Ersatzvorschrift.

2.4.2 Würdigung der VOB/B

Da die VOB unter Mitwirkung von allen damit befaßten Interessengruppen zustandegekommen ist, muß man davon ausgehen, daß die auftretenden Konfliktsfälle auch eine ausgewogene Regelung erfahren haben. Es gibt sicher Situationen, in denen eine für den Auftragnehmer freundliche Aussage getroffen worden ist, was aber durch die Bestimmungen, die den Auftraggeber begünstigen, wieder ausgeglichen wird. Meist sind diese bevorzugenden Klauseln aber auch sachlich berechtigt. Zum Beispiel orientiert sich die gegenüber dem BGB verkürzte Verjährungsfrist für Gewährleistungsansprüche (§ 638 BGB – § 13 Nr. 4 VOB/B) an der Erfahrung, daß Baumängel in der überwiegenden Mehrzahl bereits innerhalb von 2 Jahren hervortreten. Im übrigen gilt diese Bestimmung nach ihrem Wortlaut nur hilfsweise, d.h. wenn die Vertragspartner keine eigene Gewährleistungsfrist vereinbart haben. Ein anderes Beispiel ist § 7 VOB/B, der, anders als § 644 BGB, die Gefahrtragung des Auftragnehmers stark einschränkt. Damit wird die Tatsache berücksichtigt, daß eine Bauleistung im Freien und auf einem fremden Grundstück erbracht werden muß. Dies rechtfertigt es, auch den Auftraggeber an der Gefahr in angemessenem Umfang zu beteiligen.

VOB und Interessenabwägung

Die augenfälligsten *Vorzüge bei Einbeziehung der VOB in* einen Bauauftrag liegen also in folgenden Punkten:

(1) Mit der VOB/B ist zweifelsfrei auch die einschlägige VOB/C (DIN-Norm) Vertragsinhalt geworden;

(2) Es ist eine sachgerechte Regelung der baulichen Spezialmaterie gewährleistet;

(3) Die Vor- und Nachteile, die bei der Regelung der beiderseitigen Rechte und Pflichten auftreten, halten sich die Waage.

2.4.3 Verwendung der VOB/B

wichtiger Hinweis

Diese offensichtlichen Vorteile, die die VOB bietet, lassen es als geradezu unverständlich erscheinen, wenn heute noch Bauaufträge erteilt werden, in denen diese Bestimmungen nicht für anwendbar erklärt worden sind. Es kann daher beiden Vertragspartnern, Auftraggeber und Auftragnehmer, gar nicht *dringend* genug *empfohlen werden*, bei Abschluß des Vertrages die Geltung der VOB zu vereinbaren. Natürlich sind damit nicht alle Streitigkeiten absolut ausgeschlossen, doch reduzieren sie sich auf ein vertretbares Maß, weil die VOB in den entscheidenden Fragen eine branchenbezogene Rechtssicherheit bietet.

wichtiger Hinweis

In diesem Zusammenhang muß jedoch auf einen Fehler hingewiesen werden, der leider immer wieder gemacht wird: Die VOB/B kann nur dann ihre volle Wirkung entfalten, wenn sie auch *in vollem Umfang für anwendbar erklärt* wird. Ist sie nur teilweise Vertragsinhalt geworden, so ist die „Ausgewogenheit" gestört, was zur Folge hat, daß die noch geltenden Bestimmungen als einseitig bevorzugende Regelungen nach den §§ 9 – 11 AGBG behandelt werden. Dies kann im Extremfall sogar zur Unwirksamkeit führen, so daß allein das Werkvertragsrecht des BGB gilt, was sicher nicht erstrebt war. Noch grotesker muß der (tatsächlich aufgetretene) Fall anmuten, nämlich daß ein Vertrag den vorgedruckten Satz enthielt: „Es gilt die VOB, soweit ihre Bestimmungen für den Auftraggeber (es könnte natürlich auch heißen: für den Auftragnehmer) günstig sind." Derartige Klauseln waren auch schon vor Inkrafttreten des AGBG ungültig, sie sind es heute erst recht.

Beispiel

2.5 Literatur und Rechtsprechung

Aufsätze

Jebe:	Bedeutung und Problematik des Einheitspreisvertrages im Bauwesen; BauR 1973, S. 141
Heiermann:	Der Pauschalvertrag im Bauwesen; BB 1975, S. 991
Vygen:	Der Pauschalvertrag – Abgrenzungsfragen zu den anderen Verträgen im Baugewerbe; ZfBR 1979, S. 389
Locher:	Die VOB und das Gesetz zur Regelung der AGB; BauR 1977, S. 221; NJW 1977, S. 1801
Weitnauer:	Einige Fragen zum Verhältnis von VOB und AGBG; BauR 1978, S. 73
Recken:	Streitfragen zur Einwirkung des AGB auf das Bauvertragsrecht; BauR 1978, S. 417
Locher:	AGB-Gesetz und Subunternehmerverträge; NJW 1979, S. 2235

Urteile

BGH vom 24.02.1954 II ZR 74/53
Die VOB ist für sich allein weder ein Gesetz noch Verordnung, sie könnte also, wenn sie nicht Vertragsinhalt geworden ist, keine unmittelbare Anwendung finden.
Schäfer-Finnern Z 2.0 Bl. 3

OLG Köln vom 28.05.1974, 4 U 295/73
In der Abwägung der verschiedenen Interessen der bei dem Bauvertrag Beteiligten entsprechen die Regeln der VOB, die unter Beteiligung staatlicher Stellen ausgearbeitet sind, den Regeln von Treu und Glauben.
BauR 1975, S. 351 (352)

BGH vom 07.06.1978, VIII ZR 146/77
Zur Frage, ob der Verkäufer seine AGB (oder auch der Bauherr die VOB) im Rahmen laufender Geschäftsbeziehungen dadurch zum Vertragsinhalt machen kann, daß er wiederholt in seinem Lieferschein darauf Bezug nimmt.
NJW 1978, S. 2243

Kapitel 1

Wesen und Bedeutung der Bauabnahme

Inhaltsübersicht	1	Wo ist die Abnahme geregelt?	30
	1.1	Vorschriften im BGB	30
	1.2	Vorschriften in der VOB/B	31
	2	**Was ist Bauabnahme?**	33
	2.1	Abnahme als Besonderheit des Werkvertrages	33
	2.2	Privatrechtliche und öffentlich-rechtliche Bauabnahme	34
	2.3	Bauabnahme – Bauübergabe	34
	2.4	Privatrechtliche Bauabnahme	35
	2.4.1	Körperliche Entgegennahme der Sache	36
	2.4.1.1	Besitz- und Eigentumsübergang	36
	2.4.1.2	Originärer Eigentumserwerb (§ 946 BGB)	36
	2.4.2	Billigung der Leistung als vertragsgerecht	37
	2.4.2.1	Ausdrückliche oder schlüssige Billigung	37
	2.4.2.2	Billigung als Willenserklärung	38
	2.4.2.3	Anfechtung der Billigung	38
	2.4.2.4	Fertigstellung der Bauleistung im wesentlichen	39
	2.4.2.5	Billigung nach Überprüfung?	39
	2.5	Vertragsrechtliche Bedeutung der Abnahme	40
	2.6	Abnahme beim VOB-Vertrag	41
	2.7	Literatur und Rechtsprechung	42
	3	**Warum Bauabnahme?**	43
	3.1	Abnahme als Eigenheit des Werkvertrages	43
	3.2	Interessenlage	44

1 Wo ist die Abnahme geregelt?

1.1 Vorschriften im BGB

§ 640 (Abnahme)

(1) Der Besteller ist verpflichtet, das vertragsmäßig hergestellte Werk abzunehmen, sofern nicht nach der Beschaffenheit des Werkes die Abnahme ausgeschlossen ist.

(2) Nimmt der Besteller ein mangelhaftes Werk ab, obwohl er den Mangel kennt, so stehen ihm die in den §§ 633, 634 bestimmten Ansprüche nur zu, wenn er sich seine Rechte wegen des Mangels bei der Abnahme vorbehält.

§ 641 (Fälligkeit der Vergütung)

(1) Die Vergütung ist bei der Abnahme des Werkes zu entrichten. Ist das Werk in Teilen abzunehmen und die Vergütung für die einzelnen Teile bestimmt, so ist die Vergütung für jeden Teil bei dessen Abnahme zu entrichten.

(2) Eine in Geld festgesetzte Vergütung hat der Besteller von der Abnahme des Werkes an zu verzinsen, sofern nicht die Vergütung gestundet ist.

§ 644 (Gefahrtragung)

(1) Der Unternehmer trägt die Gefahr bis zur Abnahme des Werkes. Kommt der Besteller in Verzug der Annahme, so geht die Gefahr auf ihn über. Für den zufälligen Untergang und eine zufällige Verschlechterung des von dem Besteller gelieferten Stoffes ist der Unternehmer nicht verantwortlich.

(2) . . . .

§ 645 (Haftung des Bestellers)

(1) Ist das Werk vor der Abnahme infolge eines Mangels des von dem Besteller gelieferten Stoffes oder infolge einer von dem Besteller für die Ausführung erteilten Anweisung untergegangen, verschlechtert oder unausführbar geworden, ohne daß ein Umstand mitgewirkt hat, den der Unternehmer zu vertreten hat, so kann der Unternehmer einen der geleisteten Arbeit entsprechenden Teil der Vergütung und Ersatz der in der Vergütung nicht inbegriffenen Auslagen verlangen. Das gleiche gilt, wenn der Vertrag in Gemäßheit des § 643 aufgehoben wird.

(2) Eine weitergehende Haftung des Bestellers wegen Verschuldens bleibt unberührt.

§ 646 (Vollendung statt Abnahme)

Ist nach der Beschaffenheit des Werkes die Abnahme ausgeschlossen, so tritt in den Fällen der §§ 638, 641, 644, 645 an die Stelle der Abnahme die Vollendung des Werkes.

1.2 Vorschriften in der VOB/B

§ 12 Abnahme

1. Verlangt der Auftragnehmer nach der Fertigstellung – ggf. auch vor Ablauf der vereinbarten Ausführungsfrist – die Abnahme der Leistung, so hat sie der Auftraggeber binnen 12 Werktagen durchzuführen; eine andere Frist kann vereinbart werden.

2. Besonders abzunehmen sind auf Verlangen:
   a) In sich abgeschlossene Teile der Leistung,
   b) andere Teile der Leistung, wenn sie durch die weitere Ausführung der Prüfung und Feststellung entzogen werden.
3. Wegen wesentlicher Mängel kann die Abnahme bis zur Beseitigung verweigert werden.
4. Eine förmliche Abnahme hat stattzufinden, wenn eine Vertragspartei es verlangt. Jede Partei kann auf ihre Kosten einen Sachverständigen zuziehen. Der Befund ist in gemeinsamer Verhandlung schriftlich niederzulegen. In die Niederschrift sind etwaige Vorbehalte wegen bekannter Mängel und wegen Vertragsstrafen aufzunehmen, ebenso etwaige Einwendungen des Auftragnehmers. Jede Partei erhält eine Ausfertigung.

   Die förmliche Abnahme kann in Abwesenheit des Auftragnehmers stattfinden, wenn der Termin vereinbart war oder der Auftraggeber mit genügender Frist dazu eingeladen hatte. Das Ergebnis der Abnahme ist dem Auftragnehmer alsbald mitzuteilen.

5. Wird keine Abnahme verlangt, so gilt die Leistung als abgenommen mit Ablauf von 12 Werktagen nach schriftlicher Mitteilung über die Fertigstellung der Leistung.

   Hat der Auftraggeber die Leistung oder einen Teil der Leistung in Benutzung genommen, so gilt die Abnahme nach Ablauf von 6 Werktagen nach Beginn der Benutzung als erfolgt, wenn nichts anderes vereinbart ist. Die Benutzung von Teilen einer baulichen Anlage zur Weiterführung der Arbeiten gilt nicht als Abnahme.

   Vorbehalte wegen bekannter Mängel oder wegen Vertragsstrafen hat der Auftraggeber spätestens zu den in Absätzen 1 und 2 bezeichneten Zeitpunkten geltend zu machen.

6. Mit der Abnahme geht die Gefahr auf den Auftraggeber über, soweit er sie nicht schon nach § 7 trägt.

2 Was ist Bauabnahme?

2.1 Abnahme als Besonderheit des Werkvertrages

Keine gesetzliche Definition der Abnahme

Die unter Nr. 1 aufgeführten Vorschriften enthalten keine Aussage darüber, was unter „Abnahme" zu verstehen sei. § 640 Abs. 1 BGB legt nur fest, daß der Besteller das vertragsmäßig hergestellte Werk abzunehmen habe, während § 12 VOB/B sich nicht einmal dazu äußert, sondern lediglich die näheren Einzelheiten regelt. Es fehlt also an einer verbindlichen Definition dieses Rechtsbegriffes, so daß es der Rechtsprechung und der Rechtswissenschaft überlassen bleibt, die einzelnen Begriffsmerkmale herauszuarbeiten. In vielen anderen Fällen ist der Gesetzgeber ebenso verfahren, indem er nämlich einen Rechtsbegriff zwar namentlich anführt, jedoch keine begriffliche Festschreibung vornimmt, weil die Diskussion hierüber andauert und weil noch keine Einigung erzielt worden ist. Eine gesetzliche Definition würde nur die Weiterentwicklung des Rechts hemmen und brächte zudem die Gefahr, daß später aufgrund tieferer Einsichten das Gesetz wieder geändert werden müßte.

Die Abnahme stellt eine Besonderheit des Werkvertrages dar, man sucht sie in dieser Form vergeblich bei Kauf-, Miet-, Pacht-, Leihe- und Dienstverträgen oder den anderen im BGB geregelten Typen. Dort genügt im allgemeinen die *Annahme* der Leistung, wie etwa beim Kauf, um eine Vertragserfüllung herbeizuführen. Beim Werkvertrag muß dagegen auch noch die Bestätigung des Leistungsempfängers dazu kommen, daß das Werk ordnungsgemäß erstellt worden ist. Erst wenn diese vorliegt, hat der Unternehmer seine Leistung erbracht.

2.2 Privatrechtliche und öffentlich-rechtliche Bauabnahme

Die in § 640 BGB geregelte Abnahme ist ein rein privatrechtlicher Vorgang. Keinesfalls darf sie mit der öffentlich-rechtlichen Bauabnahme verwechselt werden, die in § 104 der Musterbauordnung (MBO 1978) vorgesehen ist. Diese Bestimmung, die von allen Bundesländern nahezu wörtlich in die jeweilige Bauordnung übernommen worden ist (vgl. Art. 98 BayBO), befaßt sich mit der Rohbau- und Schlußabnahme durch die Bauaufsichtsbehörde. Dadurch soll gewährleistet werden, daß bauliche Anlagen nach den öffentlich-rechtlichen Vorschriften und den sonstigen behördlichen Anordnungen errichtet oder geändert werden. Diese Bauabnahme dient also, ebenso wie die behördliche Bauüberwachung (Art. 97 BayBO), allein dem öffentlichen Interesse. Sie soll helfen, die von dem Bauwerk drohenden Gefahren für Leib, Leben, Gesundheit und Sachen zu erkennen und abzuwehren.

Ziel der öffentlich-rechtlichen Bauabnahme ist es also festzustellen, daß alle öffentlichen Belange, insbesondere hinsichtlich der Sicherheit, erfüllt sind, wogegen die zivilrechtliche Abnahme die Bestätigung des Bestellers beinhaltet, die Leistung sei vertragsgemäß erbracht und übergeben worden.

2.3 Bauabnahme – Bauübergabe

RB-Bau

Die öffentliche Hand, die ihre Bauvorhaben von eigenen Fachbehörden ausführen läßt, bezieht sich in ihren innerdienstlichen Vorschriften auf die sog. Bauübergabe. Verwiesen sei hier auf die „Richtlinien für die Durchführung von Bauaufgaben des Bundes im Zuständigkeitsbereich der Finanzbauverwaltungen", Abschnitt H, wo es heißt:

> *„Fertiggestellte Baumaßnahmen sind durch den Leiter des Bauamtes an die Dienststelle, welche den Bund als Eigentümer vertritt (nachstehend Eigentümer genannt), zu übergeben. Ist diese nicht zugleich hausverwaltende Dienststelle, so ist mit der Übergabe an den Eigentümer gleichzeitig die Übergabe an die hausverwaltende Dienststelle zu verbinden. vorbehaltlich anderslautender Verwaltungsvereinbarungen zwischen Eigentümer und Nutznießer."*

Hier handelt es sich um einen rein behördeninternen Vorgang, an dem die bauausführende Firma nicht notwendig beteiligt ist.

Die bauausführende Dienststelle übergibt die bauliche Anlage der nutzenden Behörde zu ihrer Verfügung, wogegen die Abnahme nach § 12 VOB/B zwischen der Baubehörde und dem Bauhandwerker stattfindet.

Es muß aber darauf hingewiesen werden, daß diese beiden Verfahren oft in einem Akt erledigt werden, d.h. es treffen sich Vertreter der Baufirma, des Bauamtes und des Nutznießers (z.B. der US-Streitkräfte) an der Baustelle und nehmen gemeinsam eine Leistungsüberprüfung vor. Im Anschluß daran erklärt das Bauamt dem Unternehmer, daß das Gebäude abgenommen werde, und unterzeichnet das Abnahmeprotokoll, während der Nutznießer die ordnungsgemäße Übergabe bestätigt. Es darf jedoch nicht außer acht gelassen werden, daß es sich um zwei völlig getrennte Vorgänge handelt, die rechtlich nicht miteinander verquickt werden dürfen. Auch für später auftretende Gewährleistungsansprüche bleibt der Auftragnehmer allein dem Bauamt verantwortlich und seine Schlußabrechnung hat er ebenfalls mit dieser Stelle abzuwickeln.

2.4 Privatrechtliche Bauabnahme

Die Abnahme beim Werkvertrag besteht nach allgemeiner Auffassung nicht nur darin, daß dem Besteller die fertige Leistung zur Verfügung gestellt wird. Es muß vielmehr noch dazukommen, daß er ausdrücklich oder stillschweigend zu erkennen gibt, er betrachte dieses Werk als vertragsgerecht. Die Rechtsprechung hat hier von einer „ausdrücklich oder stillschweigend erklärten Billigung als der Hauptsache nach vertragsgemäße Leistungserfüllung" gesprochen. Dies wurde aus dem Wortlaut des § 640 Abs. 1 BGB abgeleitet, weil danach die Verpflichtung besteht, das *vertragsmäßig hergestellte Werk* abzunehmen.

2.4.1 Körperliche Entgegennahme der Sache

2.4.1.1 Besitz- und Eigentumsübergang

Wenn der Besteller das fertige Werk entgegennimmt, dann erlangt er, vorausgesetzt es handelt sich um eine bewegliche Sache, daran auch den Besitz (§ 854 BGB), unter Umständen sogar das Eigentum.

Beispiele

B holt in der Kfz-Werkstatt seinen reparierten Pkw ab. Mit der Übergabe erlangt er den Besitz, Eigentümer war er schon vorher.

B holt in einem Blumengeschäft den bestellten Kranz für eine Trauerfeier ab. Mit der Übergabe wird er Besitzer *und* Eigentümer.

2.4.1.2 Originärer Eigentumserwerb (§ 946 BGB)

originärer Eigentumserwerb durch Einbau

Beim Bauauftrag besteht hier insofern eine Besonderheit, weil der Auftragnehmer seine Leistung, das Bauwerk, auf fremden Grund und Boden erbringt. In den meisten Fällen ist der Auftraggeber gleichzeitig auch der Grundstückseigentümer. Das bedeutet aber, daß er – von einigen wenigen Ausnahmen abgesehen, z.B. den „fliegenden Bauten" – bereits während der Baudurchführung, Stück für Stück, Eigentümer der *eingebauten* Stoffe wird. Denn gem. §§ 93, 94 BGB ist ein Gebäude wesentlicher Bestandteil des Grundstücks und damit im Eigentum des Grundstückseigentümers. Die zur Herstellung dieses Gebäudes eingefügten Sachen werden *mit dem Einbau* wesentlicher

Bestandteil des Grundstücks und nehmen dadurch an dessen Rechtsposition teil (§ 946 BGB). Sobald also der letzte Handgriff gemacht ist, gehört das ganze Gebäude bereits dem Auftraggeber, so daß eine „Übergabe" im rechtlichen Sinne gar nicht möglich ist. Aus dieser Besonderheit muß gefolgert werden, daß die Abnahme eines Bauwerkes sich nur in der sog. „Billigung als im wesentlichen vertragsgerecht" ausdrückt. Daran ändert sich auch nichts, wenn der Auftragnehmer nach Abschluß seiner Arbeiten dem Auftraggeber „wieder seinen Besitz zur Verfügung stellt" oder ihn „einweist". Es handelt sich hier um rein formelle Akte ohne eigene Rechtswirkungen.

2.4.2 Die Billigung der Leistung als vertragsgerecht

2.4.2.1 Ausdrückliche oder schlüssige Billigung

Wie bereits vorher angedeutet heißt Abnahme „Billigung der fertiggestellten Leistung als im wesentlichen vertragsgerecht". Aus dieser Definition ist zu entnehmen, daß der Auftraggeber – sichtbar für den Auftragnehmer – ein Verhalten zeigen muß, aus dem sich seine „Billigung" ergibt. Dies kann selbstverständlich dann angenommen werden, wenn er gegenüber dem Bauunternehmer ausdrücklich seine Zufriedenheit äußert. Aber auch eine „eingeschränkte Zustimmung" oder gar die gleichzeitige Rüge, „es seien ja noch einige Mängel vorhanden", schließt nicht die grundsätzliche Erklärung aus, es sei damit abgenommen. Daneben gibt es noch andere Verhaltensweisen, durch die der Auftraggeber seine Billigung zum Ausdruck bringen kann, ohne dies wörtlich zu erklären. Der Jurist spricht dann von einer „konkludenten" Handlung, die die gleichen Rechtswirkungen hat, wie die „ausdrückliche" Erklärung. Die Rechtsprechung hat hier folgende *Beispiele* genannt:
Vorbehaltlose Zahlung der Vergütung, insbesondere bei gleichzeitiger Benutzung; freiwillig zugestandene Eintragung einer Sicherungshypothek für die Vergütung (§ 648 BGB); Freigabe von Sicherheitsleistungen oder -einbehalten; anstandsloser Einzug in ein Haus, allerdings ohne tatsächliches Vorliegen erheblicher Mängel.

Beispiele

2.4.2.2 Billigung als Willenserklärung

Die „Billigung" ist eine Willenserklärung

Die vom Auftraggeber geäußerte Billigung ist, rechtlich gesehen, eine Willenserklärung, die in ihrer Beurteilung den §§ 130 ff BGB unterliegt. Das bedeutet vor allen Dingen, daß sie nur wirksam werden kann, wenn sie demjenigen, für den sie bestimmt ist, auch zugeht. Dies übertragen auf den Bauvertrag besagt, daß die ausdrücklich oder konkludent geäußerte Billigung nicht im internen Bereich verbleiben darf.

Beispiele

Beispiel:
Der Auftraggeber feiert eine kleine „Einweihungsparty" nur mit Familie und Freunden, sondern daß sie gegenüber dem Auftragnehmer auch kenntlich werden muß,

Beispiel:
Der Auftragnehmer wird auch dazu eingeladen.

2.4.2.3 Anfechtung der Billigung

Eine weitere Frage, die sich logischerweise aus den obigen Erörterungen ergibt, lautet, ob die „Billigung" gem. §§ 119, 123 BGB wirksam angefochten werden kann. Dies würde dann zu ihrer Nichtigkeit von Anfang an führen (§ 142 Abs. 1 BGB). Ein solches Recht steht dem Erklärenden regelmäßig zu, wenn er sich bei Abgabe der Willenserklärung im Irrtum befand oder arglistig getäuscht worden ist. Es herrscht aber allgemeine Übereinstimmung, daß trotz Vorliegens aller dieser Voraussetzungen eine Anfechtung nicht stattfindet, weil beim Werkvertragsrecht, und damit auch beim Bauauftrag, für solche Fälle Sonderregelungen bestehen, die die generellen Vorschriften über die Anfechtung ausschließen. Die Gewährleistungsvorschriften, insbesondere § 638 Abs. 1 BGB mit ausdrücklichem Hinweis auf die arglistige Täuschung, reichen nämlich völlig aus, die Belange des Auftraggebers zu wahren, wenn ein zur Anfechtung berechtigender Tatbestand gegeben ist.

Anfechtung der Billigung nicht möglich

2.4.2.4 Fertigstellung der Bauleistung im wesentlichen

Eine Billigung der Leistung kann grundsätzlich erst dann in Betracht kommen, wenn diese im wesentlichen fertiggestellt ist. Der Ausdruck „im wesentlichen" oder „in der Hauptsache" besagt aber, daß sie nicht bis zur letzten Einzelheit vollständig sein muß. Es genügt, wenn die Bauleistung fast erbracht ist und wenn die noch fehlenden Teile im Vergleich zur Gesamtleistung so unbedeutend sind, daß sie nach Treu und Glauben eine Abnahme nicht ausschließen. Wichtig und unabdingbar ist jedoch dabei, daß die Bauleistung „funktionell" fertiggestellt ist, d. h. sie muß

funktionelle Fertigstellung der Bauleistung

bereits benutzbar sein. Man kann dafür keine festen, allgemein verbindlichen Regeln aufstellen, sondern muß dies immer anhand des Einzelfalles beurteilen.

Beispiele

Beispiele für die Abnahmefähigkeit:
Noch fehlendes Türblatt für einen untergeordneten Raum (nicht bei der Haustür), noch nicht ganz erstellte Außenanlagen, im geringen Maße unvollständiger Außenputz, noch nicht bewerkstelligter Heizungsanschluß im Sommer u.ä.

Beispiele für Nichtabnahme:
Fehlende Eingangstüre oder Treppengeländer, noch keine Beleuchtung der Kellertreppe usw.

Im übrigen wird diese Frage noch von erheblicher Bedeutung sein, wenn im Rahmen des § 12 Nr. 3 VOB/B eine Abgrenzung zwischen den „wesentlichen" und den „unwesentlichen" Mängeln vorgenommen werden soll. Denn davon hängt es ab, ob der Auftraggeber die verlangte Abnahme verweigern darf oder nicht.

2.4.2.5 Billigung nach Überprüfung?

Letztlich muß hier auch noch auf das Problem eingegangen werden, ob die Billigung der Leistung zwingend voraussetzt, daß vorher eine Überprüfung stattgefunden hat. Normalerweise wird es der Auftraggeber wohl nicht riskieren, seine Zufriedenheit zu äußern, ohne sich vorher ausgiebig überzeugt zu haben, daß das Werk tatsächlich seinen Erwartungen entspricht. Es liegt also ausschließlich in seinem *Interesse, daß er eine solche Prüfung*

wichtiger Hinweis

durchführt. Aus diesem Grunde besteht allgemein Einigkeit darüber, daß er ein Recht hat, das Werk auf Vertragsmäßigkeit und auf Vorhandensein von Mängeln zu untersuchen, daß aber keinesfalls eine Pflicht dazu besteht, d.h. daß eine Abnahme nur in Frage käme, wenn wirklich vorher eine solche Prüfung stattgefunden hat. Eine Ausnahme besteht allerdings für die „förmliche Abnahme" nach § 12 Nr. 4 VOB/B. Das folgt aus dem dort verwendeten Text. Darauf wird aber noch genauer einzugehen sein, wenn dieser Fall im einzelnen erläutert wird.

Aus der Tatsache, daß der Auftraggeber zu einer Untersuchung der Leistung vor der Abnahme nicht verpflichtet ist, folgt auch, daß sich der Auftragnehmer später bei der Geltendmachung von Gewährleistungsansprüchen grundsätzlich nicht seiner Verpflichtung mit der Begründung entziehen kann, die gerügten Mängel seien bei Abnahme bereits vorhanden und *erkennbar* gewesen. Es kommt also wesentlich darauf an, ob der Auftraggeber von diesen Mängeln *nachweislich keine Kenntnis* gehabt hat; bloßes Kennenmüssen genügt nicht zum Ausschluß von Gewährleistungsansprüchen (§ 640 Abs. 2 BGB).

2.5 Vertragsrechtliche Bedeutung der Abnahme

Hauptpflichten
des Werkvertrages

Nach § 631 Abs. 1 BGB ist der Besteller zur Entrichtung der vereinbarten Vergütung verpflichtet. Dies stellt nach dem Willen des Gesetzgebers seine Hauptpflicht dar, so wie umgekehrt die Herstellung des versprochenen Werkes primäre Verpflichtung für den Bauunternehmer ist. Das zeigt, daß beide Vertragsparteien einander Gläubiger und Schuldner in einer Person sind, weshalb man hier von einem zweiseitigen oder gegenseitigen Vertrag spricht.

Daneben gibt es auch Nebenpflichten, denen nach Ansicht des Gesetzes nur eine untergeordnete Bedeutung zukommt. Dazu zählen insbesondere die sogenannten Mitwirkungspflichten des Bestellers (§ 642 BGB), z.B. die Verpflichtung des Kunden, beim Schneider zur Anprobe zu erscheinen. Die dem Besteller treffende Abnahmepflicht jedoch, die dem ersten Anschein nach ebenfalls hierunter fallen könnte, gehört nach einhelliger Auffassung zu den vertraglichen Hauptpflichten. Denn die Hauptleistung des Unternehmers kann nur erfüllt werden,

Abnahme als Hauptpflicht

wenn die Leistung auch in der vorgeschriebenen Weise abgenommen wird. Das rechtfertigt es, in der Verpflichtung zur Abnahme eine vertragliche Hauptpflicht des Bestellers zu sehen.

Diese Einordnung hat zur Folge, daß bei unberechtigter Ablehnung der Abnahme der Unternehmer nach § 326 BGB verfahren darf: Er kann dem Besteller eine angemessene Frist setzen und ihm androhen, daß er danach auf die Abnahme verzichte. Ist diese Frist erfolglos abgelaufen, kann er Schadensersatz wegen Nichterfüllung verlangen; der im § 326 BGB wahlweise vorgesehene „Rücktritt vom Vertrag" dürfte allerdings aus tatsächlichen Gründen wohl nicht in Frage kommen. Schließlich ist es ja nicht möglich, die erbrachte Bauleistung wieder an den Unternehmer zurückzugewähren (§ 346 BGB).

2.6 Abnahme beim VOB-Vertrag

Grundsatz der Subsidiarität

Die bisher gemachten Ausführungen haben sich in erster Linie auf den BGB-Werkvertrag bezogen. Sie sind aber auch für den VOB-Vertrag in vollem Umfang gültig, soweit dort von Abnahme die Rede ist. Denn es handelt sich hierbei ja um einen Spezialfall des Werkvertrages. Im übrigen gilt der Grundsatz der Subsidiarität, d.h. die generelle Vorschrift kommt zum Zuge, wenn keine spezielle Regelung getroffen ist. Das bedeutet im einzelnen folgendes:

(1) § 12 VOB/B regelt nur die Modalitäten der Abnahme.
(2) § 640 Abs. 1 BGB legt die Abnahmeverpflichtung fest, gilt also insoweit ergänzend zu § 12 VOB/B.
(3) Die Definition der Abnahme ist nur außerhalb dieser Vorschriften erfolgt und gilt für beide Fälle gleichermaßen.

Im übrigen muß noch darauf hingewiesen werden, daß auch das BGB manchmal rechtlich gleichbedeutende Begriffe mit verschiedenen Worten wiedergibt, je nachdem, ob es sich um generelle oder um spezielle Vorschriften handelt. Nach einer Entscheidung des Bundesgerichtshof aus dem Jahre 1960 bedeutet „Annahme der Erfüllung" (§ 341 Abs. 3 BGB) dasselbe wie „Abnahme der Leistung" im Sinne von § 11 Nr. 4 VOB/B n.F. (§ 11 Nr. 2 Satz 2 VOB/B a.F.). Dasselbe gilt für die „Annahme als Erfüllung" (§ 363 BGB) und die „Abnahme" nach § 640 Abs. 1 BGB.

2.7 Literatur und Rechtsprechung

Aufsätze

Böggering: Die Abnahme beim Werkvertrag; Juristische Schulung (JuS) 1978, S. 512

Urteile

BGH vom 18.09.1967, VII ZR 88/65:
Die Abnahme besteht regelmäßig darin, daß der Besteller das hergestellte Werk körperlich hinnimmt und zu erkennen gibt, er wolle die Leistung als in der Hauptsache dem Vertrag entsprechend annehmen. BGH Z 48, S. 257 (262)

BGH vom 06.05.1968, VII ZR 33/66:
Die Bauleistung muß zur Zeit der Abnahme vertragsgemäß und mangelfrei sein.
BGH Z 50, S. 160 (162); VersR 1969, S. 750 (751)

BGH vom 25.01.1973, VII ZR 149/72:
Die Abnahme der Leistung bedeutet die Anerkennung des Werkes als eine der Hauptsache nach vertragsgemäße Erfüllung.
BauR 1973, S. 192 (193); Schäfer-Finnern Z 2.411, Bl. 50

BGH vom 15.11.1973, VII ZR 110/71:
1. Die Abnahme des Statikerwerkes setzt nicht die Ausführung des Bauwerks voraus.
2. Die Billigung der vom Statiker erbrachten Leistungen als vertragsgemäße Erfüllung muß für den Statiker erkennbar zum Ausdruck gebracht werden; beim Auftraggeber intern gebliebene Vorgänge genügen nicht (amtliche Leitsätze).

BauR 1974, S. 67; NJW 1974, S. 95; BB 1974, S. 159; MDR 1974, S. 220

3 Warum Bauabnahme?

3.1 Abnahme als Eigenheit des Werkvertrages

Die Abnahme ist eine Spezialität des Werkvertrages, sie findet sich nur bei diesem Vertragstyp. Dies ist nicht etwa ein Zufall, vielmehr hatte der Gesetzgeber bei der Schaffung dieser Rechtseinrichtung auch die besonderen Gegebenheiten des Werkvertrages im Auge. Denn im Gegensatz zu den anderen Vertragsarten, wo die Leistungen oder doch wesentliche Teile, die zum Austausch kommen sollen, bereits fertig vorhanden sind, existiert beim Werkvertrag vorerst nur die Idee. Der Käufer etwa kann sich schon bei Vertragsschluß die Sache auf ihre Ordnungsmäßigkeit hin ansehen, bevor er sie entgegennimmt, ebenso der Mieter oder Pächter. Der Besteller einer Werkleistung jedoch kann seinem Vertragspartner nur seine Vorstellung vermitteln, die jener dann auszuführen verspricht. Der Beginn dieser Verwirklichung liegt aber erst nach dem Vertragsschluß. Das zeigt, daß bei Werkverträgen von seiten des Bestellers erheblich mehr an Vertrauen investiert werden muß, als bei anderen Vereinbarungen.

Notwendigkeit der „Billigung"

Deshalb ist die bloße Übergabe, die zudem bei Bauaufträgen aus rechtlichen Gründen entfällt, höchst ungeeignet, die Erbringung der Werkleistung zu dokumentieren. Vielmehr wird die Vertragserfüllung zusätzlich daran geknüpft, daß der Besteller seine „Billigung" zum Ausdruck bringt, d. h. bestätigt, daß die erbrachte Leistung mit seiner Vorstellung übereinstimmt. Demgemäß ist ihm auch ein Recht zur Prüfung eingeräumt, von dem er nach eigenen Gutdünken Gebrauch machen kann oder auch nicht.

3.2 Interessenlage

Aus diesen Erwägungen muß man sagen, daß die Abnahme weit überwiegend im Interesse des Auftragnehmers liegt. Denn ihm ist vor allem daran gelegen, seiner Leistungspflicht nachzukommen, weil dadurch erst die Pflicht des Auftraggebers ausgelöst wird, seinerseits die Gegenleistung zu erbringen. Die entsprechende Erklärung des Auftraggebers bestätigt ihm, daß er seine Obliegenheit erfüllt hat. Ein Blick auf Kapitel 3 „Welche Wirkungen hat die Abnahme?" zeigt zudem, daß die Rechtsfolgen weit überwiegend für den Auftragnehmer vorteilhaft sind: Er trägt nicht mehr die Leistungsgefahr, haftet nur noch im Rahmen der Gewährleistung, nicht mehr der Erfüllung, darf seine Schlußrechnung stellen, die Beweislast kehrt sich um usw.

Aber auch für den Auftraggeber ist die Abnahme nicht ganz ohne Interesse: Er ist nunmehr berechtigt, Anspruch auf Vertragsstrafe zu erheben (§ 11 Nr. 4 VOB/B) und die Schlußrechnung zu verlangen (§ 14 Nr. 3 und 4 VOB/B). Letzteres dürfte besonders wichtig sein, wenn davon Finanzierungs- bzw. Kreditmöglichkeiten abhängen oder wenn (bei der öffentlichen Hand) der Nachweis über den Abschluß einer Baumaßnahme geführt werden muß.

wichtiger Hinweis

Zusammenfassend läßt sich sagen, daß *beiden Vertragsparteien an einer Abnahme* der Werkleistung *gelegen sein müßte*, dem Auftragnehmer jedoch in weitaus höherem Maße.

Kapitel 2

Durchführung der Bauabnahme

Inhaltsübersicht

1	Wer muß abnehmen?	48
1.1	Bauherr als Empfänger der Bauleistung	48
1.1.1	Vertragspflichten des Bauherrn	48
1.1.1.1	Zahlungs- und Vergütungspflicht	49
1.1.1.2	Mitwirkungspflichten	49
1.1.1.3	Abnahmepflicht	50
1.1.2	Person des Bauherrn	50
1.1.3	Anwesenheit des Bauherrn bei der Abnahme	52
1.1.4	Literatur und Rechtsprechung	53
1.2	Architekt und Bauabnahme	54
1.2.1	Architektenvertrag mit örtlicher Bauleitung	54
1.2.1.1	Rechtslage nach der GOA	55
1.2.1.2	Rechtslage nach der HOAI	56
1.2.2	Bevollmächtigung des Architekten zur Abnahme	56
1.2.2.1	Originäre Vollmacht des Architekten	56
1.2.2.2	Lösungsvorschläge	58
1.2.2.3	Abgrenzung zum gemeinsamen Aufmaß	59
1.2.3	Literatur und Rechtsprechung	59
1.3	Sonderfachleute und Bauabnahme	60
1.4	Abnahme durch Baubetreuer und Bauträger	62
1.4.1	Baubetreuung im engeren Sinn	62
1.4.1.1	Definition	62
1.4.1.2	Vertragliche Ausgestaltung	62
1.4.1.3	Baubetreuer und Abnahme	63
1.4.2	Baubetreuung im weiteren Sinn	64
1.4.2.1	Definition	64
1.4.2.2	Vertragliche Ausgestaltung	64
1.4.2.3	Abgrenzung zur reinen Baubetreuung	65
1.4.2.4	Bauträger und Abnahme	65

1.4.3	Literatur und Rechtsprechung	66
2	**Wann ist die Bauleistung abzunehmen?**	**68**
2.1	Vertragsmäßige Herstellung des Werkes	68
2.1.1	Fertigstellung der Leistung im wesentlichen	69
2.1.2	Zeitpunkt der Fertigstellung	70
2.1.3	Ausnahmefall: Vertragskündigung	71
2.2	Abnahmeverlangen	72
2.2.1	Abnahmeverlangen als abdingbare Voraussetzung	72
2.2.2	Abnahmefrist	73
2.2.2.1	Begriff der Werktage in der VOB	73
2.2.2.2	Berechnung der Frist	73
2.2.3	Literatur und Rechtsprechung	74
2.3	Teilabnahme (§ 12 Nr. 2a VOB/B)	75
2.3.1	„Abgeschlossener Teil" der Leistung	76
2.3.2	Technische Abnahme (§ 12 Nr. 2b VOB/B) – Abgrenzung	77
2.3.3	Literatur und Rechtsprechung	78
2.4	Abnahme von „Mängelbeseitigungsleistungen"	79
3	**Wann braucht die Bauleistung nicht abgenommen werden?**	80
3.1	Fehlendes Abnahmeverlangen	80
3.2	Verweigerung der Abnahme wegen wesentlicher Mängel	81
3.2.1	„Mangel" und „Schaden" im Gewährleistungsrecht	82
3.2.2	„Wesentliche" und „unwesentliche" Mängel	84
3.2.2.1	Fehlen vertraglich zugesicherter Eigenschaften	85
3.2.2.2	Verstoß gegen die anerkannten Regeln der Technik	85
3.2.2.3	Fehlerhaftigkeit der Leistung	86
3.2.3	Erklärung der Abnahmeverweigerung	87
3.3	Rechtsfolgen der Abnahmeverweigerung	88
3.3.1	Bei berechtigter Ablehnung	88
3.3.2	Bei unberechtigter Ablehnung	88
3.3.2.1	Annahmeverzug des Auftraggebers	89
3.3.2.2	Schuldnerverzug des Auftraggebers	89

3.3.2.3	Klage auf Abnahme	90
3.4	Literatur und Rechtsprechung	91
4	**Wie wird die Bauleistung abgenommen?**	**92**
4.1	Arten der Bauabnahme (graphische Darstellung)	92
4.2	Erklärte Abnahme (Ist-Abnahme)	94
4.2.1	Ausdrückliche, formlose Abnahme	94
4.2.1.1	Fertigstellung der Bauleistung	94
4.2.1.2	Abnahmeverlangen	95
4.2.1.3	Die Durchführung der Abnahme	95
4.2.1.4	Vorbehalt wegen bekannter Mängel	96
4.2.1.5	Kosten der Abnahme	97
4.2.1.6	Literatur und Rechtsprechung	97
4.2.2	Förmliche Abnahme	98
4.2.2.1	Verlangen einer Vertragspartei	98
4.2.2.2	Abnahmetermin	99
4.2.2.3	Hinzuziehung eines Sachverständigen	100
4.2.2.4	Protokollierung	101
4.2.2.5	Prüfungspflicht des Auftraggebers	102
4.2.2.6	Förmliche Abnahme in Abwesenheit des Auftragnehmers	103
4.2.2.7	Literatur und Rechtsprechung	105
4.2.3.	Stillschweigende oder konkludente Annahme	106
4.2.3.1	Voraussetzungen der stillschweigenden Abnahme	106
4.2.3.2	Durchführung der stillschweigenden Abnahme	107
4.2.3.3	Keine stillschweigende Abnahme durch Benutzung der Leistung	107
4.2.3.4	Literatur und Rechtsprechung	109
4.3	Fiktive Abnahme (Gilt-Abnahme)	110
4.3.1	Wesen und Bedeutung	110
4.3.2	Allgemeine Voraussetzungen	111
4.3.3	„Vergessene, förmliche Abnahme"	112
4.3.4	Besondere Voraussetzungen	113
4.3.4.1	„Fertigstellungs-Abnahme" (§ 12 Nr. 5 Abs. 1 VOB/B)	114
4.3.4.2	„Nutzungs-Abnahme" (§ 12 Nr. 5 Abs. 2 VOB/B)	115
4.3.5	Wirkungen der fiktiven Abnahme	118
4.3.6	Literatur und Rechtsprechung	120

1 Wer muß abnehmen?

1.1 Bauherr als Empfänger der Bauleistung

Gegenstand der Abnahme ist die vom Auftragnehmer fertiggestellte Bauleistung. Schon daraus ergibt sich logischerweise, daß allein der Auftraggeber zur Abnahme verpflichtet sein kann. Auch § 12 Nr. 1 VOB/B geht von dieser Rechtslage aus, wenn dort gesagt wird: „Verlangt der Auftragnehmer ... die Abnahme der Leistung, so ...". Eine scheinbare Ausnahme findet sich in § 12 Nr. 4 VOB/B, wonach eine förmliche Abnahme durchzuführen ist, wenn eine der beiden Vertragsparteien es verlangt. Dieses „Verlangen" bezieht sich jedoch nur auf die Formerfordernisse, nicht aber auf die Abnahme selbst, so der in § 640 BGB aufgestellte Grundsatz, der Besteller sei zur Abnahme verpflichtet, trotzdem gewahrt bleibt.

1.1.1 Vertragspflichten des Bauherrn

Bevor aber das Problem „Abnahmepflicht des Auftraggebers" im einzelnen beleuchtet wird, bedarf es einiger grundlegender Erläuterungen zu den bauseitigen Vertragspflichten:

1.1.1.1 Zahlungs- oder Vergütungspflicht:

Die Zahlung ist eine Hauptpflicht

Diese ist vom Gesetz als „Hauptpflicht" in den §§ 631, 632 BGB ausgestaltet worden; sie korrespondiert mit der „Erstellung des versprochenen Werkes" durch den Besteller. Bei Nichteinhaltung können die Parteien die in den §§ 320 ff BGB aufgezählten Rechte ausüben.

In der VOB/B ist die Vergütungspflicht viel ausführlicher geregelt, als im BGB, weil hierbei gerade im Baurecht erhebliche Schwierigkeiten auftreten können.

So befaßt sich § 2 VOB/B mit der Frage, *was* vergütet werden muß, und zwar getrennt nach den einzelnen Vertragsarten:

(1) Einheitspreisvertrag (§ 5 Nr. 1a VOB/A): § 2 Nr. 1 – 6 VOB/B
(2) Pauschalvertrag (§ 5 Nr. 1b VOB/A): § 2 Nr. 7 VOB/B unter Einbeziehung von Nrn. 4 – 6
(3) Leistungen ohne Auftrag: § 2 Nr. 8 VOB/B
(4) Stundenlohnarbeiten: § 2 Nr. 10 VOB/B

In § 14 VOB/B „Abrechnung" finden sich Aussagen darüber, *wie* der Auftragnehmer seine geforderte Vergütung zu *ermitteln* und dem Auftraggeber mitzuteilen hat.

Stundenlohnarbeiten

§ 15 VOB/B enthält nähere Ausführungen zur Ermittlung und Geltendmachung der Vergütung für Stundenlohnarbeiten. Diese Vorschrift ergänzt also § 2 Nr. 10 VOB/B.

Schließlich gibt § 16 VOB/B darüber Auskunft, *wie* die Vergütung zu *entrichten* ist, unterschieden nach Abschlagszahlungen (Nr. 1), Vorauszahlungen (Nr. 2) und der Schlußzahlung (Nrn. 3, 4). Nr. 5 befaßt sich mit allgemeingültigen Fragen zur Zahlung (Skonto, Verzug) und Nr. 6 regelt einen nur in der VOB möglichen Sonderfall, nämlich die direkte Zahlung an Bedienstete oder Subunternehmer des Auftragnehmers.

1.1.1.2 Mitwirkungspflichten:

Nach § 642 BGB kann der Besteller vertraglich verpflichtet sein, selbst durch eigene Handlungen zur Herstellung des Werkes beizutragen, z.B. Anproben eines Maßanzugs oder Auswahl von

Kapitel 2: Durchführung der Bauabnahme

Bereitstellungspflichten

Farbmustern u.ä. Hier handelt es sich in der Regel um Nebenpflichten. Beim Bauauftrag sind diese bauseitigen „Bereitstellungspflichten", wie sie auch genannt werden, in § 3 VOB/B geregelt. Dazu gehört in erster Linie, daß der Auftraggeber ein geeignetes Baugrundstück zur Verfügung stellen muß (§ 3 Nr. 2 VOB/B). Außerdem hat er dem Auftragnehmer die für die Bauausführung nötigen Unterlagen unentgeltlich und rechtzeitig zu übergeben (§ 3 Nr. 1 VOB/B). Zu deren Anfertigung wird er natürlich die Hilfe von Fachleuten (Architekt, Statiker, Sonderingenieur) in Anspruch nehmen.

1.1.1.3 Abnahmepflicht:

Manchmal wird auch die Abnahmepflicht des Auftraggebers zu seinen Mitwirkungspflichten gerechnet. Diese Meinung kann aber nicht zutreffend sein, weil die Abnahme, anders als die in Nr. 1.1.1.2 genannten Mitwirkungshandlungen, eine Hauptpflicht des Auftraggebers beinhaltet (vgl. 1. Kapitel, Nr. 2.5). Außerdem ist sie nach Voraussetzungen und Wirkungen von so zentraler Bedeutung im Baugeschehen, daß ihr eine Sonderstellung zukommt, welche sie aus den anderen Mitwirkungspflichten heraushebt. Darauf wird vor allem noch in Kapitel 3 näher einzugehen sein.

Aus diesen Erwägungen ist es angebracht, die Abnahme als eine spezielle Obliegenheit des Auftraggebers zu behandeln, die eigenständig neben der Vergütungs- und Mitwirkungspflicht besteht.

1.1.2 Person des Bauherrn

Bauherr als natürliche Person

Ist der Bauherr, der den Auftrag erteilt hat, eine natürliche Person, so hat er den daraus sich ergebenden Verpflichtungen selbst nachzukommen. Das heißt im konkreten Fall, daß er die Abnahme zu vollziehen hat. Dies gilt auch für Personenmehrheiten.

Beispiel	Der Bauauftrag wird von Eheleuten gemeinschaftlich erteilt. Beide haben auch die Abnahme zu erklären. Hat dies allerdings nur ein Teil getan und der andere nicht widersprochen, so wird man nach den Grundsätzen der „Anscheins- oder Duldungsvollmacht" davon ausgehen müssen, daß die Erklärung auch im Namen des anderen Ehegatten abgegeben werden sollte. Die Leistung wäre dann wirksam abgenommen.
	Lehnt jedoch ein Ehegatte die Abnahme ausdrücklich ab, so hat diese nicht stattgefunden. Der Auftragnehmer müßte auf anderem Wege versuchen, deren Wirkungen herbeizuführen (vgl. in diesem Kapitel Nr. 3.2).
Personen-mehrheiten und juristische Personen	Schwieriger wird der Fall allerdings, wenn es sich um spezielle Personenmehrheiten handelt, etwa Handelsgesellschaften: OHG, KG, oder um juristische Personen: GmbH, AG, e.V., rechtsfähige Stiftungen. Hier müßte zur Vermeidung von Unklarheiten sofort bei Abschluß des Vertrages bestimmt werden, wer auf seiten des Bauherrn bevollmächtigter Ansprechpartner in dieser Bauangelegenheit ist. Eine allgemein eingeräumte Stellvertretung umfaßt natürlich auch die Abnahmeerklärung, wogegen eine spezielle Regelung genau Auskunft gibt, wer wozu berechtigt ist.
wichtiger Hinweis	Sind jedoch *solche Vertragsbestimmungen nicht getroffen* worden – wovor an dieser Stelle *eindringlich gewarnt wird* –, so muß auf die gesetzliche Regelung über die Vertretung von Personengesellschaften oder juristischen Personen zurückgegriffen werden. Nur wenn die dort genannten Organe die Abnahme vollzogen haben, hat diese auch wirksam stattgefunden.
	Zur Vertretung sind in diesen Fällen berufen:
	OHG: Alle Gesellschafter bzw. der zur Geschäftsführung Berechtigte (§ 114 HGB, beachte aber § 116 HGB) KG: Der oder die Komplementäre (§ 164 HGB) GmbH: Der oder die Geschäftsführer (§§ 6, 35 ff GmbH-Gesetz) AG: Der Vorstand oder einzelne Mitglieder (§§ 77, 78, Aktien-Gesetz) e.V.: Der Vorstand (§ 26 BGB) öffentliche Hand: Leiter der Baubehörde
	Hat bei Handelsgesellschaften ein Prokurist die Abnahme vollzogen, so ist anhand von § 49 HGB konkret zu prüfen, ob dies in den Betrieb eines Handelsgewerbes fällt.
Anscheins- und Duldungs-vollmacht	Häufig werden aber auch hier die Grundsätze der „Anscheins- oder Duldungsvollmacht" zu befriedigenden Lösungen führen, wenn ein „Nichtberechtigter" für den Auftraggeber abgenommen

hat. Denn unter gewissen Umständen muß der Vertretene dieses Verhalten gegen sich gelten lassen:

(1) Für die „Anscheinsvollmacht" ist erforderlich, daß der Vertretene bei Anwendung pflichtgemäßer Sorgfalt das Handeln des vollmachtlosen Vertreters hätte erkennen müssen und verhindern können. Außerdem muß der Vertragspartner wegen des Verhaltens des Vertretenen mit Recht darauf vertraut haben, daß dieser das Verhalten kenne und damit einverstanden sei.

(2) Die „Duldungsvollmacht" setzt voraus, daß der Vertretene das Handeln des nichtbevollmächtigten Vertreters kennt und es trotzdem nicht verhindert, wogegen der Geschäftspartner wegen dieser Duldung annimmt, daß der Handelnde diese Vollmacht tatsächlich habe.

Zu diesen Problemen ist zahlreiche Rechtsprechung vorhanden, wonach gewisse Verhaltensweisen als so vertrauensbildend angesehen wurden, daß zum Schutze des Auftragnehmers auch eine Bevollmächtigung zu anderen Rechtsgeschäften, etwa der Abnahme, bejaht werden mußte.

Beispiel

Wenn ein Prokurist, Handlungsbevollmächtigter oder sonstiger Bediensteter einer GmbH bisher ungehindert Abschlagszahlungen ausweisen, Fristverlängerungen (gem. § 6 Nr. 4 VOB/B) gewähren und Bedenken nach § 4 Nr. 3 entgegennehmen durfte, dann ist er auch als zur Abnahme bevollmächtigt anzusehen.

wichtiger Hinweis

Allen diesen Schwierigkeiten kann jedoch der Auftraggeber am einfachsten dadurch entgehen, daß er *im Vertrag festlegt, wer* für die Vornahme dieser Handlungen *zuständig ist.*

1.1.3 Anwesenheit des Bauherrn bei der Abnahme

Ungeachtet dessen, daß diese Frage erst später unter Nr. 4.2 und 4.3 ausführlich behandelt wird, muß auch hier bereits einiges dazu gesagt werden:

Wäre eine solche Anwesenheit auf der Baustelle erforderlich, so müßte der unter Nr. 1.1.2 genannte „Berechtigte" dem nachkommen. Natürlich kann aber für den konkreten Fall jemand anders, z.B. der Architekt oder der örtliche Bauleiter, bevollmächtigt werden. Diese Erwägungen sind jedoch nur für die förmliche Abnahme maßgebend, wo eine derartige Anwesenheits- und Prüfungspflicht bejaht werden muß. Im übrigen ist davon auszugehen, daß es sich hier um ein Recht des Auftraggebers handelt, dessen Ausübung in seinem Belieben steht. Natürlich kann die Entscheidung darüber nur von demjenigen getroffen werden, der auch zur Durchführung der Abnahme berechtigt ist.

1.1.4 Literatur und Rechtsprechung

Aufsätze

Schmalzl: Zur Vollmacht des Architekten; MDR 1977, S. 622 (624)

Urteile

BGH vom 05.11.1962, VII ZR 75/61
1. Besteht zur Zeit der Auftragserteilung an einen Nachunternehmer durch den Hauptunternehmer – eine frühere Arbeitsgemeinschaft – keine Gesellschaft bürgerlichen Rechts mehr zwischen zwei Bauunternehmern, kann der Bevollmächtigte der ArGe in ihrem Namen keine rechtsverbindlichen Erklärungen gegenüber Dritten abgeben.

2. Der aus der Arbeitsgemeinschaft ausgeschiedene Unternehmer haftet für Forderungen des Nachunternehmers an die ArGe kraft Anscheinsvollmacht nur, wenn der „Rechtsschein der Vollmacht" ursächlich für den Entschluß des Nachunternehmers zur Annahme des Auftrages ist.
Schäfer-Finnern Z 2.224, Bl. 18; MDR 1963, S. 125

BGH vom 05.11.1964 VII ZR 15/63
Zur Annahme einer Anscheinsvollmacht genügt es, daß der Vertretene das Verhalten des angeblichen Vertreters, aus dem der Geschäftspartner nach Treu und Glauben das Bestehen einer Vollmacht entnehmen durfte, bei pflichtgemäßer Sorgfalt hätte kennen und verhindern können; er braucht es nicht wie bei der Duldungsvollmacht positiv gekannt haben (BGH Z 5, S. 111 (116); VersR 1956, S. 638). VersR 1965, S. 133, 134).

BGH vom 28.03.1962 VIII ZR 187/60
Der Vertretene muß das Handeln eines vollmachtlosen Vertreters kraft Rechtsscheins im Einzelfall sogar dann gegen sich gelten lassen, wenn dem Vertragspartner die besonderen Tatsachen, aus denen der Rechtsschein herzuleiten ist, unbekannt sind, ihm aber die allgemein bestehende Überzeugung von der Bevollmächtigung mitgeteilt worden ist (amtlicher Leitsatz).
NJW 1962, S. 1003

BGH vom 22.01.1970, VII ZR 37/68
Der Architekt kann sich auf den von einem Kommanditisten gesetzten Rechtsschein, er sei persönlich haftender Gesellschafter, nicht berufen, wenn er die Haftungsverhältnisse fahrlässig verkannt hat.
BB 1970, S. 684; DB 1970, S. 1778; Schäfer-Finnern Z 3.00, Bl. 177

1.2 Architekt und Bauabnahme

Nach den bisher gemachten Ausführungen ist es klar, daß der Architekt nicht aus eigenem Recht, sondern nur kraft Vollmacht in der Lage ist, eine Abnahme mit Wirkung für und gegen den Bauherrn zu bewerkstelligen. Kraft seiner Beteiligung bei der Erledigung von Mitwirkungshandlungen i.S. § 3 VOB/B, und vielleicht auch als „örtlicher Bauleiter", der die Interessen des Auftraggebers im Auge hat, ist der Architekt als „Treuhänder des Bauherrn" anzusehen. Wie weit dabei seine Befugnisse gehen, kann deshalb nur aus dem zugrunde liegenden Architektenvertrag entnommen werden.

Architekt als Treuhänder des Bauherrn

1.2.1 Architektenvertrag mit örtlicher Bauleitung

Die Rechtsbeziehungen zwischen Bauherrn und Architekten haben den Charakter eines Werkvertrages. Das „Werk" des Architekten besteht aber, im Gegensatz zu dem des Bauunternehmers, in einer rein geistigen Leistung, die sich dennoch in gewisser Weise körperlich manifestiert. Denn das Ergebnis dieser Arbeit zeigt sich in den Plänen, den sonstigen Bauunterlagen, einzelnen Anweisungen an den Bauunternehmer und schließlich in dem fertigen Bauwerk. In den meisten Fällen beschränkt sich die Tätigkeit des Architekten nicht auf die Bauvorbereitung (Planung, Bauvorlage, Ausschreibung, Massenermittlung usw.), sondern umfaßt auch die Betreuung während der Durchführung der Baumaßnahme. Man spricht hier von der sog. „Bauführung" oder der „örtlichen Bauaufsicht". Dazu gehören insbesondere Überwachung der Herstellung in Bezug auf Übereinstimmung mit den Zeichnungen, den technischen Regeln und den behördlichen Vorschriften, Anweisungen in technischer Hinsicht, Prüfung der Baustoffe, Aufmaß der einzelnen Leistungen sowie Prüfung der Abschlags- und Schlußrechnungen. Diese Tätigkeiten würden, für sich allein betrachtet, nach allgemeiner und von der Rechtsprechung bestätigter Auffassung eine Dienstleistung gem. §§ 611 ff BGB darstellen. Im Vergleich zu den Planungsleistungen und den sonstigen Aufgaben des Architekten ist die örtliche Bauaufsicht jedoch von untergeordneter Bedeutung, so daß ein Architektenvertrag einheitlich nach Werkvertragsrecht zu beurteilen ist, also auch bezüglich des Teils, der die „Bauführung" regelt.

Der Architekten- ist ein Werkvertrag

Als weitere Besonderheit des Architektenvertrages ist anzumerken, daß im Bereich der Vergütung eine Rechtsverordnung, also allgemeinverbindliches, zwingendes Recht ergangen ist, nach dessen Vorschriften sich jede Einzelvereinbarung auszurichten hat. Bis zum 01.01.1977 galt hier die Verordnung PR 66/50 über die Gebühren für Architekten vom 13.10.1950 (GOA), seit diesem Tage ist die Verordnung über die Honorare für Leistungen der Architekten und Ingenieure vom 17.09.1976 (HOAI) in Kraft.

Die HOAI

In beiden Verordnungen ist auch eine Vergütung für die Mitwirkung des Architekten bei der Abnahme vorgesehen, so daß jeder dieser Fälle für sich zu betrachten ist.

1.2.1.1 Rechtsgrundlage nach der GOA

Nach § 19 Abs. 4 GOA kann der Architekt eine Vergütung für seine örtliche Aufsicht über die Ausführung des Baues verlangen. Diese Bauführung „umfaßt die Überwachung der Herstellung in Bezug auf Übereinstimmung mit den Zeichnungen, Angaben und Anweisungen des Architekten in technischer Hinsicht, die Einhaltung der technischen Regeln sowie der behördlichen Vorschriften, Abnahme der Bauarbeiten und Baustoffe, Kontrolle der für die Abrechnung erforderlichen Aufmessungen und Prüfung aller Rechnungen auf Richtigkeit und Vertragsmäßigkeit."

Festzuhalten ist also, daß nach dem Wortlaut dieser Vorschrift die Abnahme zur örtlichen Bauaufsicht zählt. Dies würde, dem ersten Anschein nach, bedeuten, daß mit dem Abschluß der Vereinbarung und gleichzeitiger Übertragung der örtlichen Bauführung dem Architekten auch die Vollmacht zur Durchführung dieser Rechtshandlung erteilt wäre.

1.2.1.2 Rechtslage nach der HOAI

Auch hier findet sich im Leistungsbild des Architekten eine entsprechende Regelung, nämlich in § 15 Abs. 1 Nr. 8, Objektüberwachung (Bauüberwachung). Demgemäß hat der Architekt nach Grundleistung eine „Abnahme der Bauleistung unter Mitwirkung anderer an der Planung und Objektüberwachung fachlich Beteiligter und der Feststellung von Mängeln" durchzuführen. Auch hier ist man versucht zu folgern, daß dann eine Vollmacht zur Durchführung der Abnahme besteht, wenn dem Architekten diese Teilleistung übertragen worden ist.

1.2.2 Bevollmächtigung des Architekten zur Abnahme

Es kann keinem Zweifel unterliegen, daß dem Architekten vertraglich gewisse Befugnisse rechtlicher Art eingeräumt werden, die er im Namen seines Auftraggebers gegenüber dem Bauunternehmer ausüben darf. Dies ist schon im Hinblick auf seine Stellung als Hilfsperson oder Treuhänder des Auftraggebers angezeigt. Schwierigkeiten gibt es nur hinsichtlich der Abgrenzung dieser Vollmacht.

1.2.2.1 Originäre Vollmacht der Architekten

In der Regel werden die Parteien bei Abschluß eines Architektenvertrages die allgemein gebräuchlichen Muster verwenden und auf die HOAI verweisen, ohne im Einzelnen darüber hinaus

Kapitel 2: Durchführung der Bauabnahme

Betreuung des Bauherrn in technischer Hinsicht

Sonderbestimmungen zu treffen. Sind also in diesen Vorschriften dem Architekten gewisse Rechte übertragen, so ist er auch befugt, sie für den Bauherrn auszuüben. Das gilt gleichermaßen für die Abnahme, auf die in der GOA und HOAI ausdrücklich Bezug genommen wird. Doch muß diese Aussage deshalb eingeschränkt werden, weil sich die Leistungen des Architekten grundsätzlich auf die *Betreuung im technischen Bereich* beziehen, die Abnahme aber – wie schon im 1. Kapitel dargelegt – ein Rechtsgeschäft darstellt.

Während der Geltung der GOA haben der Bundesgerichtshof, und ihm folgend einige Oberlandesgerichte und Landgerichte, die Meinung vertreten, der Architekt, dem der Auftraggeber die technische und geschäftliche Oberleitung zusätzlich zur Bauaufsicht übertragen habe, sei auch befugt, die Abnahme i.S. von § 640 BGB durchzuführen. Dagegen wurden aber in der Literatur schwere Bedenken angemeldet.

Seit Inkrafttreten der HOAI ist diese Ansicht auch nicht mehr haltbar, weil im Leistungskatalog des § 15 Abs. 1 die „geschäftliche und technische Oberleitung" in dem früheren Umfang wesentlich gekürzt ist. Außerdem zeigt der Wortlaut (fachlich Beteiligte, Feststellung von Mängeln) eindeutig, daß die in Nr. 8 erwähnte Abnahme nur die Entgegennahme der Leistung und deren technische Überprüfung, gewissermaßen als Vorbereitung der dem Auftraggeber selbst vorbehaltenen rechtsgeschäftlichen Abnahme, beinhaltet. Auch die VOB/B unterscheidet ausdrücklich zwischen der technischen und der rechtlichen Abnahme, und zwar in § 12 Nr. 2b.

Technische Abnahme gem. § 12 Nr. 2b VOB/B

Nach dieser Vorschrift sind „andere Teile der Leistung, wenn sie durch die weitere Ausführung der Prüfung und Feststellung entzogen werden", auf Verlangen besonders abzunehmen. Dies ist lediglich eine Leistungsfeststellung, ohne daß die Abnahmewirkungen eintreten. *Die Vollmacht des Architekten geht über diese Möglichkeit nicht hinaus.*

Ein neueres Urteil des Bundesgerichtshofes aus dem Jahre 1979 hat sich mit dieser Problematik erneut befaßt, die Frage der Architektenvollmacht in Bezug auf die Abnahme jedoch offengelassen. Doch legt die übrige Argumentation des Gerichts den Schluß nahe, daß die oben dargestellte Auffassung, der Architekt sei aufgrund der vertraglich gewährten allgemeinen Vollmacht nur zur technischen Abnahme berechtigt, gebilligt wird.

1.2.2.2 Lösungsvorschläge

wichtiger Hinweis

Aufgrund der noch nicht abschließend geklärten Rechtslage ist *dringend zu empfehlen,* bei Abschluß des Architektenvertrages eine eigene Absprache zu treffen, wie weit die Vollmacht zur Vertretung des Auftraggebers im konkreten Fall reichen soll. Dies wäre sicherlich im Interesse beider Parteien wünschenswert und würde spätere Meinungsverschiedenheiten erst gar nicht aufkommen lassen.

wichtiger Hinweis

Außerdem ist *dem Architekt anzuraten,* bei derartigen Gelegenheiten stets den Bauherrn beizuziehen oder doch zumindest zu informieren und ihm seine Anwesenheit anheimzustellen. Das gilt auch schon dann, wenn der Auftragnehmer nur eine „Baubegehung" o.ä. beantragt.

1.2.2.3 Abgrenzung zum gemeinsamen Aufmaß

Zu den Aufgaben des Architekten zählt auch das gemeinsame Aufmaß mit dem Unternehmer (§ 15 Abs. 1 Nr. 8 HOAI, Grundleistung 6). Darunter versteht man die gemeinsamen, für die Abrechnung notwendigen Feststellungen, die dem Fortgang der Leistung entsprechend vorzunehmen sind (§ 14 Nr. 2 VOB/B). Dies geschieht also fortlaufend während der Bauzeit, wogegen die Abnahme erst nach Fertigstellung der gesamten Leistung erfolgen kann.

Gemeinsames Aufmaß – Rechtsnatur

Besteht bei den Beteiligten hinsichtlich ihrer Feststellungen Einigkeit, so ist dies bindend für beide Vertragspartner. Rechtlich gesehen handelt es sich um ein *deklaratorisches Schuldanerkenntnis* gem. § 782 BGB. Die Bindungswirkung gilt z.B. für alle Maße, Rauminhalte (bei Aushub), Bodenklassen, Putzstärken, also für den tatsächlichen Bereich. Keineswegs wird dadurch aber der ursprüngliche Auftrag in seinem Inhalt abgeändert.

Beispiel

Beispiel: Haben die Parteien einen Pauschalvertrag abgeschlossen, so kann sich später keiner der Vertragspartner darauf berufen, wegen des gemeinsam durchgeführten Aufmaßes sei nun, wie in einem Einheitspreisvertrag, nach Positionen abzurechnen.

Nach allgemeiner Auffassung ist der Architekt auch ohne spezielle Aussage und nur aufgrund seines Vertrages bevollmächtigt, ein gemeinsames Aufmaß für den Bauherrn durchzuführen und diesen rechtsgeschäftlich daraus zu verpflichten. Daher besteht

wichtiger Hinweis

für ihn besonderer *Anlaß*, bei diesen Feststellungen *genau aufzupassen und* dafür zu sorgen, daß die tatsächlichen *Werte richtig ermittelt werden.* Von dieser Bindung kann sich der Auftraggeber nur lösen, wenn eine falsche Feststellung wegen Irrtums oder durch arglistige Täuschung des anderen Vertragteils getroffen wurde und er deshalb Anfechtung erklärt (§§ 119, 123 BGB).

1.2.3 Literatur und Rechtsprechung

Aufsätze

Brandt:	Die Vollmacht des Architekten zur Abnahme von Unternehmerleistungen; BauR 1972, S. 69
Schmalzl:	Zur Rechtsnatur des Architektenvertrages nach der neueren Rechtsprechung; BauR 1977, S. 80
Schmalzl:	Zur Vollmacht des Architekten; MDR 1977, S. 622
Jagenburg:	Die Vollmacht des Architekten; BauR 1978, S. 180
Hochstein:	Der Prüfvermerk des Architekten auf der Schlußrechnung – Rechtswirkungen; Bedeutung im Urkundsprozeß; BauR 1973, S. 333 (338)

Urteile

KG Berlin vom 18.01.1966, 7 U 1602/65
Die Vollmacht des mit der örtlichen Bauleitung beauftragten Architekten erstreckt sich – mangels abweichender Vereinbarung – auch (auf die Abnahme geleisteter Arbeiten sowie) auf das Anerkenntnis des gemeinsamen Aufmaßes.
Schäfer-Finnern Z 2.412, Bl. 16 (zum Teil überholt)

BGH vom 12.06.1975, VII ZR 195/73
Zum Umfang der Vollmacht des Architekten, den vereinbarten Pauschalwerklohn überschreitende Zusatzaufträge zu erteilen.

OLG Hamm vom 27.10.1970, 7 U 105/70
Eine Haftung des vollmachtlosen Vertreters (hier: des Architekten) nach § 179 BGB entfällt bereits dann, wenn dieser nachweisen kann, daß der Geschäftspartner (hier: der Unternehmer) den „Vertretenen" (hier: den Bauherrn) mit Erfolg aufgrund der Regeln über die Duldungs- und Anscheinsvollmacht in Anspruch nehmen könnte.
BauR 1971, S. 138

BGH vom 26.04.1979, VII ZR 190/78
Zu den Pflichten des Architekten beim Vorbehalt von Vertragsstrafen
BGH Z 74, S. 235; BauR 1979, S. 345; NJW 1979, S. 1499

1.3 Sonderfachleute und Bauabnahme

Ingenieurvertrag
ist
Werkvertrag

Inhalt:
rein technische
Betreuung

Die Sonderfachleute sind, ebenso wie der Architekt, Gehilfen und Treuhänder des Auftraggebers, bezogen auf ihr Spezialgebiet. Dazu zählen vor allem Statiker (§§ 51 ff HOAI: Tragwerksplaner), Landschaftsplaner (§§ 43 ff HOAI), Bauingenieure (Nr. 11/12 GOI), Spezialingenieure für Heizungs-, Lüftungs- und Gesundheitstechnik (Nr. 13 GOI), für Elektrotechnik (Nr. 14 GOI) und für Akustik (Nr. 15 GOI). Die Rechtsbeziehungen zwischen diesem Personenkreis und dem Bauherrn sind ebenfalls im Werkvertragsrecht angelegt, weshalb die zum Architektenvertrag gemachten Ausführungen hier analog anzuwenden sind. Das bedeutet, daß mangels besonderer Vertragsbestimmungen die Tätigkeit, und damit auch die originäre Bevollmächtigung, *sich nur auf den technischen Bereich* erstrecken kann. Zu rechtsgeschäftlichen Erklärungen im Namen des Bauherrn, insbesondere zur Durchführung der Abnahme, sind die Sonderfachleute grundsätzlich nicht befugt.

Kapitel 2: Durchführung der Bauabnahme

Zur Rechtsgrundlage sind allerdings noch einige Bemerkungen zu machen: Auch für die Sonderfachleute gibt es eigene Gebührenregelungen, die zwar primär die Vergütung ordnen, aber sekundär auch Auskunft über den Leistungsumfang geben. Zu nennen wäre hier als neuere Rechtsquelle die schon erwähnte HOAI vom 22.09.1976, in der bis jetzt folgende Leistungsbilder geregelt sind:

HOAI

§§ 10 – 27: Leistungen bei Gebäuden, Freianlagen und Innenräumen
§§ 35 – 42: Städtebauliche Leistungen
§§ 43 – 50: Landschaftsplanerische Leistungen
§§ 51 – 56: Leistungen bei Tragwerksplanung

Folgende andere Leistungsbereiche sind bereits konzipiert, doch ist die HOAI insoweit noch nicht in Kraft getreten:

§§ 51 – 61: Leistungen bei Ingenieurbauwerken und Verkehrsanlagen (die Leistungen bei Tragwerksplanungen werden dann unter §§ 62 – 67 aufgeführt)
§§ 68 – 76: Technische Ausrüstung
§§ 77 – 79: Thermische Bauphysik
§§ 80 – 90: Schallschutz und Raumakustik

GOI-rechtliche Bedeutung

Soweit die HOAI-Regelung noch keine Geltung erlangt hat, gilt weiterhin die GOI, die aus dem Jahre 1937 stammt und im Jahre 1965 letztmals neu gefaßt worden ist. Sie enthält eine Zusammenstellung von Ingenieurleistungen und von Vergütungen, die von selbständigen Ingenieuren im allgemeinen berechnet werden. Es handelt sich dabei weder um Mindest- noch um Höchstsätze. Im Gegensatz zur GOA ist die GOI keine Verordnung im rechtstechnischen Sinn, sondern eine einseitige Festsetzung durch den Ausschuß für die Gebührenordnung der Ingenieure, eines Gremiums, das aus mehreren Ingenieurverbänden gebildet worden war. Doch wurde sie später als Leistungsordnung und Honorarberechnungsgrundlage in der Praxis allgemein anerkannt und angewendet. Sie stellt in dieser Form eine allgemeine Konvention zur Ordnung des Wirtschaftslebens dar. Wegen dieser Funktion hat die Rechtsprechung die GOI regelmäßig herangezogen, wenn das „übliche Entgelt" (§ 631 Abs. 2 BGB) für Ingenieurleistungen ermittelt werden sollte.

Durch das sukzessive Inkrafttreten der HOAI wird die GOI in gleichem Umfang gegenstandslos.

1.4 Abnahme durch Baubetreuer und Bauträger

Als weitere auf Auftraggeberseite beteiligte Hilfspersonen sind Baubetreuer und Bauträger zu nennen. Ziel der folgenden Ausführungen wird es sein, aufzuzeigen, inwieweit und in welcher Form diese bei der Bauabnahme zu beteiligen sind.

Der aus der Wohnungswirtschaft stammende Begriff der „Baubetreuung" hat in den letzten Jahren gerade im Bauvertragsrecht eine große Bedeutung erlangt. Allgemein wird zwischen dem Baubetreuungsvertrag im engeren und im weiteren Sinne unterschieden. Je nachdem ergeben sich auch Verschiedenheiten hinsichtlich der Bauabnahme.

1.4.1 Baubetreuung im engeren Sinn

1.4.1.1 Definition

Definition „Baubetreuer"

Von einem Baubetreuer im engeren Sinn spricht man, wenn dieser ein Bauvorhaben in fremdem Namen für fremde Rechnung wirtschaftlich vorbereitet oder durchführt (§ 34c Abs. 1 Nr. 2b GewO). Das bedeutet im einzelnen, daß er im Namen und auf Rechnung des Betreuten *auf dessen Grundstück* ein Bauwerk errichtet.

1.4.1.2 Vertragliche Ausgestaltung

Kennzeichnend für diese Rechtsform ist, daß der Auftraggeber, d. h. der Betreute, selbst das Bauherrenwagnis trägt. Der Betreuer dagegen ist vertraglich bevollmächtigt, dem Architekten, den Sonderfachleuten und den einzelnen Bauhandwerkern namens seines Auftraggebers Aufträge zu erteilen, ohne damit eine eigene Verpflichtung jenen gegenüber zu begründen. Unmittelbare vertragliche Beziehungen bestehen nur zwischen dem

Bauherrn und den einzelnen Auftragnehmern, wie bei einem normalen Werkvertrag. Selbstverständlich kann auch bei diesen Verträgen die VOB in vollem Umfang zum Inhalt gemacht werden, *worauf der Betreute nachdrücklich bestehen sollte.* Im Rahmen seiner Vollmacht ist der Baubetreuer Erfüllungsgehilfe des Bauherrn. Dies alles zeigt, daß bei dieser Vertragsgestaltung dem *Betreuer* eine *architektenähnliche Rechtsstellung* zukommt.

wichtiger Hinweis

1.4.1.3 Baubetreuer und Abnahme

Demzufolge besteht die Pflicht, nach Fertigstellung die Leistung abzunehmen, allein in der Person des Auftraggebers, auch wenn er sich eines Baubetreuers bedient hat. Und genau wie beim Architekten ist dem Baubetreuer ohne ausdrückliche Regelung keinesfalls das Recht eingeräumt, eine rechtsgeschäftliche Abnahme im Sinne von § 640 BGB zu erklären. Tut er dies dennoch, so ist diese Abnahme grundsätzlich unwirksam, auch wenn der Auftragnehmer glaubt, er sei dazu berechtigt gewesen. Etwas anderes gilt nur dann, wenn der Auftragnehmer aus gewissen Vorkommnissen und aus dem Verhalten des Auftraggebers nach Treu und Glauben den Schluß ziehen durfte, daß dieser den Baubetreuer auch zur rechtsgeschäftlichen Abnahme bevollmächtigt habe (sog. Anscheins- oder Duldungsvollmacht, vgl. Nr. 1.1.2).

keine Abnahmevollmacht

Beispiel

Der Baubetreuer hat mit der Baufirma unberechtigterweise eine Rohbauabnahme durchgeführt. Später fordert der Auftraggeber die Firma schriftlich auf, „die bei diesem Termin festgestellten Mängel im Wege der Gewährleistung zu beheben".

Hier liegt keine nachträgliche Genehmigung des vollmachtlosen Handelns vor. Das führt dazu, daß die Abnahme von Anfang an unwirksam ist (§§ 177, 184 BGB),es sei denn, daß sich aus § 180 Satz 2 BGB etwas anderes ergibt.Doch trägt der Auftragnehmer hierfür die ganze Darlegungs- und Beweislast, wenn es zu einem Rechtsstreit kommen sollte.

Unter diesen Umständen erscheint es sogar bedenklich, dem Baubetreuer aufgrund des mit ihm geschlossenen Vertrages ein ursprüngliches Recht zur technischen Abnahme im Sinne von § 12 Nr. 2b VOB/B zuzugestehen, wie dies dem Architekten eingeräumt ist (vgl. oben Nr. 1.2.2.1). Denn beim Architekten läßt sich dies wenigstens aus der GOA bzw. der HOAI begründen, während beim Baubetreuer gleichlautende Vorschriften fehlen. Gleiches gilt für die Bindungswirkung des gemeinsamen Aufmaßes.

wichtiger Hinweis

Eine Lösung ist auch hier allein durch die konkrete Vertragsgestaltung denkbar. Die Parteien *müssen* im Baubetreuungsvertrag diese gegenseitigen Rechte und Pflichten *ausdrücklich festlegen und so Klarheit schaffen.*

1.4.2 Die Baubetreuung im weiteren Sinn

1.4.2.1 Definition

Definition „Bauträger"

Eine Baubetreuung im weiteren Sinne liegt vor, wenn jemand ein Bauvorhaben im eigenen Namen für eigene oder fremde Rechnung vorbereitet oder durchführt und dazu Vermögenswerte von Erwerbern, Mietern, Pächtern oder sonstigen Nutzungsberechtigten oder von Bewerbern um Erwerbs- oder Nutzungsrechte verwendet (§ 34c Abs. 1 Nr. 2a GewO). Für diese Vertragsgestaltung hat sich allgemein der Begriff „Bauträgervertrag" eingebürgert. Der Bauträger errichtet also im eigenen Namen auf eigenem Grundstück, unter Umständen auch auf eigene Rechnung, das Gebäude, welches er nach Fertigstellung an einen Dritten veräußert. Mit der Baubetreuung im engeren Sinn herrscht insoweit Übereinstimmung, als der Bauträger nach den vom Interessenten gebilligten Plänen baut und die wirtschaftliche und finanzielle Betreuung übernimmt.

1.4.2.2 Vertragliche Ausgestaltung

Eine *rechtliche Einordnung dieses Vertragstyps* ist nicht einfach. Es handelt sich um eine Mischung von Geschäftsbesorgungs-, Werk-, Werklieferungs- und Kaufvertrag. Welche Elemente dabei dominieren, wird im einzelnen von der konkreten Vertragsausgestaltung abhängen. Meistens dürfte es sich dabei um einen Werklieferungsvertrag mit Geschäftsbesorgungscharakter handeln. Geliefert wird ein fertiges „Werk", außerdem werden Be-

Werklieferungsvertrag — treuungsleistungen im Rahmen der Geschäftsbesorgung erbracht. Da es sich um eine individuell gefertigte Bauleistung handelt, finden die Vorschriften des Werkvertrages Anwendung (§ 651 BGB), d. h. daß auch eine Abnahme gem. § 640 BGB stattzufinden hat.

1.4.2.3 Abgrenzung zur reinen Baubetreuung

Die Besonderheit der Bauträgerschaft liegt darin, daß zwischen dem Interessenten und den am Bau beteiligten Architekten, Ingenieuren und Handwerkern keine unmittelbaren Rechtsbeziehungen bestehen. So ist es üblich, daß erst mit dem Eigentumsübergang auf den Erwerber auch die dem Bauträger zustehenden Gewährleistungsansprüche abgetreten werden, damit jener bei Mängeln seine entsprechenden Rechte ausüben kann. Der Bauträger verpflichtet sich allenfalls, ihn bei der Durchführung seiner Ansprüche zu unterstützen.

1.4.2.4 Bauträger und Abnahme

wichtiger Hinweis — Die Abnahme, die vor dem Eigentumsübergang durchgeführt wird, hat dementsprechend zwischen den Vertragsparteien selbst stattzufinden. Verpflichtet hierzu ist *allein der Bauträger.* Natürlich ist *zu empfehlen, auch den Erwerber hinzuzuziehen,* damit dieser sich sofort von dem Zustand der Leistung überzeugen kann und damit nicht später bei der Übergabe an ihn Schwierigkeiten auftreten. Doch ist diese Beteiligung für die Wirksamkeit gegenüber dem Auftragnehmer ohne Belang. Hat der Bauträger die Abnahme vollzogen, so treten die entsprechenden Wirkungen ein, die in Kapitel 3 im einzelnen beschrieben sind. Es ist also die hier vorliegende Situation in etwa mit der bei der öffentlichen Hand geübten Praxis vergleichbar: Die Baubehörde erklärt die Abnahme gegenüber den Unternehmern und übergibt sodann die Leistung dem Nutznießer. Beide Vorgänge können zwar in einem Akt vollzogen werden, sind aber rechtlich getrennt zu betrachten.

1.4.3 Literatur und Rechtsprechung

Aufsätze

Koeble:	Die Rechtsnatur der Verträge mit Bauträgern (Baubetreuern); NJW 1974, S. 721
Pfeiffer:	Vertretungsprobleme bei Verträgen mit Bauträgern; NJW 1974, S. 1449
Brych:	Verträge mit Bauträgern; NJW 1974, S. 1973
Brych:	Gewährleistung des Bauträgers; MDR 1974, S. 628
Groß:	Die Gewährleistung des Baubetreuers im weiteren Sinne bei Mängeln am gemeinschaftlichen Eigentum; BauR 1975, S. 12
Gläser:	Kauf vom Bauträger; NJW 1975, S. 1006
Schmidt:	Wichtige Neuregelungen für Bauträger und Baubetreuer; BB 1975, S. 308
Wolfensberger:	Das System der Baubetreuung im Zwielicht; BauR 1980, S. 498
Doerry:	Bauträgerschaft und Baubetreuung in der Rechtsprechung des Bundesgerichtshofs; ZfBR 1980, S. 166

Urteile

BGH vom 13.02.1975, VII ZR 78/73
Zur Abgrenzung zwischen Bauwerkvertrag und werkvertraglicher Geschäftsbesorgung (Baubetreuung);
NJW 1975, S. 869; BauR 1975, S. 203; MDR 1975, S. 569; Schäfer-Finnern Z 7.0 Bl. 7; DB 1975, S. 736

BGH vom 11.06.1976, I ZR 55/75

1. ...

2. Bei Übernahme einer Baubetreuung mit der Verpflichtung, das Bauwerk im Namen und in Vollmacht des Betreuten sowie auf dessen Rechnung zu errichten, ist die hierzu erforderliche Wahrnehmung fremder Rechtsangelegenheiten nach Art. 1 § 5 RBerG erlaubnisfrei; doch kann sich in diesem Fall die Wettbewerbswidrigkeit aus dem Fehlen der Erlaubnis nach § 34c Abs. 1 Nr. 2b GewO ergeben (amtl. Leitsatz).
BauR 1976, S. 367; NJW 1976, S. 1635; Schäfer-Finnern Z 7.0 Bl. 15

BGH vom 18.11.1976, VII ZR 150/75
Zur Befugnis des Baubetreuers, der sich zur schlüsselfertigen Erstellung eines Bauwerks zu einem Festpreis verpflichtet hat, Bauarbeiten im Namen des Erwerbers zu vergeben.
BGH Z 67, S. 334; BauR 1977, S. 58; NJW 1977, S. 294; BB 1977, S. 119; MDR 1977, S. 307

BGH vom 26.01.1978, VII ZR 50/77
Wer gewerbsmäßig im eigenen Namen und für eigene Rechnung auf dem Grundstück seines Auftraggebers für diesen einen Bau errichtet, ist weder „Bauherr" (Bauträger) noch „Baubetreuer" i. S. von § 34c Abs. 1 Satz 1 Nr. 2 GewO (amtlicher Leitsatz).
BauR 1978, S. 220; BB 1978, S. 1187; NJW 1978, S. 1054; DB 1978, S. 1638

BGH vom 17.01.1980, VII ZR 42/78
Vergibt der Baubetreuer die Bauarbeiten zur Errichtung einer Wohnungs- und Teileigentumsanlage – den von ihm mit den Erwerbern des Raumeigentums abgeschlossenen Betreuungsverträgen entsprechend – im Namen der von ihm betreuten „Bauherrn", so sind diese und nicht der Baubetreuer die Vertragspartner der Bauhandwerker auch dann, wenn es sich um ein umfangreiches Bauvorhaben handelt (amtlicher Leitsatz).
NJW 1980, S. 992; BauR 1980, S. 262; MDR 1980, S. 572; WM 1980, S. 439; ZfBR 1980, S. 73

BGH vom 20.11.1980, VII ZR 289/79
Zur Frage, wer Baubetreuer und Bauträger im Sinne des § 34c GewO ist.
BauR 1981, S. 188; NJW 1981, S. 757; BB 1981, S. 268

2 Wann ist die Bauleistung abzunehmen?

2.1 Vertragsmäßige Herstellung des Werkes

Über den Zeitpunkt der Abnahme äußern sich sowohl § 640 BGB als auch § 12 VOB/B. Es bleibt festzustellen, inwieweit beide Aussagen übereinstimmen oder ob hier gewisse Unterschiede bestehen.

„Vertragsmäßige Herstellung" des Werkes

Nach § 640 BGB muß das Werk „vertragsmäßig hergestellt" sein, ehe die Abnahme durchgeführt werden kann. Setzt man diese Erfordernisse in Beziehung zu §§ 631 Abs. 1, 633 Abs. 1 BGB, so heißt das, es müssen die zugesicherten Eigenschaften vorhanden sein und es dürfen dem Werk keine Fehler anhaften, „die den Wert oder die Tauglichkeit zu dem gewöhnlichen oder dem nach dem Vertrag vorausgesetzten Gebrauch aufheben oder mindern". Das bedeutet im Klartext, daß die Bauleistung bis auf den letzten Stein und Nagel vollendet sein muß, vorher gibt es keine Abnahme. Es steht dem Besteller zwar frei, das mangelhafte Werk abzunehmen und sich seine Rechte wegen des Mangels vorzubehalten (§ 640 Abs. 2 BGB), doch liegt dies allein in seinem Ermessen. Gegen eine willkürliche, kleinliche Ablehnung des Auftraggebers könnte der Unternehmer allenfalls einwenden, dies sei angesichts der Geringfügigkeit des Mangels im Verhältnis zur Bauleistung „rechtsmißbräuchlich" (§ 242 BGB) und verstoße gegen das „Schikaneverbot" (§ 226 BGB). Doch sind die gesetzlichen und die von der Rechtsprechung weiterentwickelten Voraussetzungen sehr eng und überdies wäre der Unternehmer dafür in vollem Umfang beweispflichtig, so daß er in der Praxis kaum Erfolg mit seiner Einwendung haben dürfte.

§ 12 Nr. 1 VOB/B spricht demgegenüber von der „Fertigstellung", die den Auftragnehmer berechtigt, eine Abnahme der Leistung zu verlangen. Dieses Wort allein könnte unter Umstän-

Kapitel 2: Durchführung der Bauabnahme

Abnahme trotz Mängel?

den noch mit der „vertragsgemäßen Herstellung" i.S. von § 640 BGB gleichgesetzt werden. Doch muß beachtet werden, daß § 12 Nr. 3 VOB/B hier eine zusätzliche Begriffsbestimmung enthält: Wenn nämlich nach dieser Vorschrift *wegen wesentlicher Mängel* die Abnahme bis zur Beseitigung verweigert werden darf, dann muß der Umkehrschluß erlaubt sein, daß *unwesentliche Mängel* die Durchführung der *Abnahme nicht ausschließen*. In der Tat ist die VOB-Praxis, bestätigt durch die Rechtsprechung, dieser Auslegung gefolgt. Sie kann heute als allgemein anerkannt und gebilligt betrachtet werden.

2.1.1 Fertigstellung der Leistung im wesentlichen

funktionelle Fertigstellung

Liegt dem Bauauftrag die VOB/B zugrunde, so muß der Auftraggeber die Leistung auch dann schon abnehmen, wenn bestimmte, für die abschließende Beurteilung nicht erforderliche Einzelleistungen noch ausstehen. Das ist der Fall, wenn die fehlenden Leistungsteile so unbedeutend sind, daß sie den bestimmungsmäßigen Gebrauch nicht ausschließen oder hindern. Man spricht hier von einer „funktionellen" Fertigstellung der Baumaßnahme. Soll etwa ein Wohngebäude schlüsselfertig erstellt werden, so ist die Leistung im wesentlichen erbracht, wenn die Bezugsfertigkeit gegeben ist.

Beispiele

Weitere *Beispiele* für unbedeutende Restarbeiten: Aufräumarbeiten des Rohbauunternehmers; fehlende Gitter bei Kellerfenstern; noch ausstehende, rein dekorative Teilleistungen (Sockelplatten, Zierputz, Fugenverkleidung außen u.ä.); kleinere Mängelbehebungen, wie unbedeutende Setzrisse; schwergängige Fenster und Türen; fehlende Beiputzarbeiten.

Davon ist aber streng der in § 640 Abs. 2 BGB geregelte Fall zu trennen: Der Auftraggeber kann trotz der Mängel abnehmen, muß sich jedoch dabei seine Rechte vorbehalten. Diese Regelung gilt auch für den VOB-Vertrag, allerdings unter Beachtung der dortigen Spezialbestimmung in § 12 Nr. 3 VOB/B. Daraus folgt nämlich, daß der Auftraggeber eine in der Hauptsache fertiggestellte Bauleistung, d.h. mit nur unbedeutenden Mängeln behaftet, abnehmen *muß*, während er ein im wesentlichen mangelhaftes Werk trotzdem unter Vorbehalt abnehmen *kann*. Von dieser ihm eingeräumten Möglichkeit wird er dann Gebrauch machen, wenn er ein großes Interesse daran hat, die Bauleistung alsbald in Gebrauch zu nehmen, z.B. bei dringendem Eigenwohnbedarf oder bei geschäftlicher Notwendigkeit.

2.1.2 Zeitpunkt der Fertigstellung

In den meisten Fällen haben die Vertragsparteien eine Ausführungsfrist vereinbart, in der die Bauleistung zu erstellen ist. § 5 VOB/B gibt hierfür nur allgemeine Hinweise, geht aber im übrigen davon aus, daß bei Vertragsabschluß eine derartige Absprache getroffen worden ist. Was dabei im einzelnen zu beachten ist, ergibt sich aus § 11 VOB/A:

Nr. 1 Die Ausführungsfristen sind ausreichend zu bemessen; Jahreszeit, Arbeitsverhältnisse und etwaige besondere Schwierigkeiten sind zu berücksichtigen. Für die Bauvorbereitung ist dem Auftragnehmer genügend Zeit zu gewähren.
Außergewöhnlich kurze Fristen sind nur bei besonderer Dringlichkeit vorzusehen.

...

Nr. 2 Wenn es ein erhebliches Interesse des Auftraggebers erfordert, sind Einzelfristen für in sich abgeschlossene Teile der Leistung zu bestimmen.

Wird ein Bauzeitenplan aufgestellt, damit die Leistungen aller Unternehmer sicher ineinandergreifen, so sollen nur die für den Fortgang der Gesamtarbeit besonders wichtigen Einzelfristen als vertraglich verbindliche Fristen (Vertragsfristen) bezeichnet werden.

Nr. 3 ...

Ferner sagt § 10 Nr. 4d VOB/A, daß die konkrete Festlegung einer solchen Frist in Zusätzlichen Vertragsbedingungen oder in Besonderen Vertragsbedingungen erfolgen soll.

Wird diese Ausführungsfrist überschritten, so ergeben sich die gegenseitigen Rechte und Pflichten aus § 6 VOB/B, je nachdem, wer die Bauverzögerung zu vertreten hat. Wenn dagegen der

Kapitel 2: Durchführung der Bauabnahme

vorzeitige Abnahme

Auftragnehmer früher als vereinbart fertig wird, dann ist der Auftraggeber auch jetzt schon verpflichtet, die Abnahme durchzuführen. Er kann also den Auftragnehmer nicht auf den vereinbarten späteren Fertigstellungstermin verweisen und die Abnahme zum gegenwärtigen Zeitpunkt verweigern. Diese Regelung dient vorrangig dem Interesse des Auftragnehmers der für seine fertige Leistung nicht mehr länger die Gefahr tragen soll, sondern diese auf den Auftraggeber übergehen lassen darf (§ 12 Nr. 6 VOB/B). Aus der Praxis heraus läßt sich aber sagen, daß derartige Fälle höchst selten sind und eigentlich nur dann vorkommen dürften, wenn für die vorzeitige Fertigstellung eine Prämie ausgesetzt worden ist.

2.1.3 Ausnahmefall: Vertragskündigung

Abnahme bei Vertragskündigung

Bei vorzeitiger Beendigung des Vertragsverhältnisses, etwa infolge Kündigung oder einvernehmlicher Vertragsaufhebung, kann der Auftragnehmer ebenfalls eine Abnahme verlangen. Hat z.B. der Auftraggeber aus einem der in § 8 Nr. 1 – 4 VOB/B genannten Fälle den Auftrag gekündigt, so kann der Auftragnehmer Aufmaß und Abnahme der von ihm ausgeführten Leistungen verlangen (§ 8 Nr. 6 VOB/B), obgleich die Baumaßnahme in der Hauptsache noch nicht vollendet ist. Dieser Ausnahmefall ist aus der besonderen Situation ohne weiteres gerechtfertigt: Wegen der Kündigung kann die Leistung vom Auftragnehmer nicht mehr fertiggestellt werden; trotzdem muß ein Schlußstrich gezogen werden, um die Fragen der Vergütung, des Mehrkosten- und Schadenersatzes sowie der Gewährleistung zu klären. Allerdings lautet hier die für die Abnahme notwendige Zustimmungserklärung des Auftraggebers nicht, die Leistung sei im wesentlichen *fertiggestellt*, sondern nur, sie sei *bis dahin*, d.h. bis zur Vertragsbeendigung, *ordnungsgemäß* erbracht worden. Im übrigen hat aber diese Abnahme dieselben Wirkungen, wie die nach § 12 VOB/B durchgeführte.

wichtiger Hinweis

Von *besonderer Bedeutung* dürfte es sein, in solchen Fällen auch den *Vorbehalt nach § 640 Abs. 2 BGB zu erklären*, weil eine solche Kündigung zumeist wegen mangelhafter Ausführung ausgesprochen wird (§ 4 Nr. 7 i.V.m. p 8 Nr. 3 VOB/B). Nur so kann der Auftraggeber seine Rechte auf Nachbesserung der Mängel bzw. auf Herstellung des vertragsmäßigen Zustandes auch nachher noch durchsetzen.

2.2 Abnahmeverlangen

Als weitere Abnahmevoraussetzung nennt § 12 Nr. 1 VOB/B ein entsprechendes Verlangen des Auftragnehmers. Dieser muß dem Auftraggeber gegenüber zweifelsfrei zum Ausdruck bringen, er wolle, daß diese Rechtshandlung vorgenommen werde. Das Wort „Abnahme" braucht dabei gar nicht benutzt zu werden. Es kann sich auch aus den sonstigen Umständen ergeben, daß eine Leistungsbestätigung erteilt werden soll. Ist dieser Wunsch geäußert, so muß der Auftraggeber seinerseits aktiv werden.

2.2.1 Abnahmeverlangen als abdingbare Voraussetzung

Abnahmeverlangen keine unabdingbare Voraussetzung

Auch wenn das Verlangen als Voraussetzung der Abnahme dargestellt wird, heißt das noch nicht, eine Abnahme sei unwirksam, wenn ihr keine entsprechende Aufforderung des Auftragnehmers vorausgegangen ist.

§ 12 Nr. 1 gibt dem Auftragnehmer das Recht, die Abnahme zu verlangen, mit der Folge, daß der Auftraggeber sie zu vollziehen hat. Solange diese Aufforderung nicht ergangen ist, braucht der Auftraggeber nichts zu tun. Erklärt er trotzdem, er sei mit der Leistung zufrieden, könne sie in diesem Zustand nutzen und bitte um die Schlußrechnung, dann ist damit die Abnahme durchgeführt, weil die Billigung der Leistung als vertragsgerecht zum Ausdruck gekommen ist. *Unabdingbare* Voraussetzung ist hier *nicht* das Abnahmeverlangen, wohl aber die „Fertigstellung im wesentlichen" (vgl. oben Nr. 2.1).

Zusammenfassend darf man also sagen, daß der Auftraggeber zwar das Recht hat, die Abnahme zu verlangen, diese jedoch auch ohne ein solches Verlangen durchgeführt werden kann. Das stellt keinen Widerspruch zu § 12 Nr. 5 VOB/B dar, wo es heißt: „Wird keine Abnahme verlangt, so gilt die Leistung als abgenommen ... . Denn diese „Abnahmefiktion" setzt voraus, daß eine

Abnahme *nicht verlangt und auch nicht durchgeführt worden ist.* Der Nebensatz ist also insofern unvollständig.

Gerade an dem letztgenannten Merkmal fehlt es aber in dem hier beschriebenen Falle, weil ja eine Abnahme – wenn auch unverlangt – tatsächlich durchgeführt worden ist.

2.2.2 Abnahmefrist

Hat der Auftragnehmer die Abnahme verlangt, so muß sie der Auftraggeber binnen einer Frist von 12 Werktagen durchführen, es sei denn, daß vertraglich ein anderer Zeitraum vereinbart worden ist. Zwei Rechtsfragen sind in diesem Zusammenhang von Bedeutung:

2.2.2.1 Begriff des Werktages in der VOB

Das Wort „Werktag" wird in der VOB öfter verwendet, z.B. in den §§ 5 Nr. 2, 11 Nr. 3, 12 Nr. 1 und Nr. 5 Abs. 1 und 2, 14 Nr. 3, 15 Nr. 3, 16 Nr. 1 Abs. 3 und Nr. 3 Abs. 2. Nach einigen Meinungsverschiedenheiten ist nunmehr höchstrichterlich klargestellt worden, daß *auch* die Samstage „Werktage" i.S. dieser Bestimmung sind, also nur *nicht* die Sonn- und Feiertage. Ob und inwieweit an Samstagen im Baugewerbe tatsächlich gearbeitet wird, spielt keine Rolle; die Begriffe „Werktag" und „Arbeitstag" sind nicht identisch.

„Werktag" und „Arbeitstag"

2.2.2.2 Berechnung der Frist

Da die VOB keine Sonderbestimmungen über die Berechnung von Fristen enthält, ist auf die allgemeinen Vorschriften zurückzugreifen. Diese finden sich in den §§ 186 ff BGB.

Ausgangspunkt für die Fristberechnung ist der Tag, an dem das Verlangen auf Abnahme dem Auftraggeber zugeht, d.h. der Brief oder die mündliche Aufforderung bei ihm ankommt (§ 130 BGB). Dieser Tag wird jedoch nicht in die Frist einbezogen, die Zählung beginnt erst am nächsten Tag (§ 187 Abs. 1 BGB) und endet mit dem 12. Werktag, d.h. dieser muß abgelaufen sein (§ 188 Abs. 1 BGB).

Beispiel

Der Auftragnehmer erhält einen eingeschriebenen Brief des Auftraggebers vom 29.05.1981 mit der Bitte, die Abnahme durchzuführen, die Leistung sei fertig. Der Brief geht ihm am 04.06.81 zu, unterschriftliche Bestätigung liegt vor. Wann endet die Frist zur Abnahme?

Die Zählung beginnt am 05.06.1981 (Freitag). Sonn- und Feiertage sind am 07.06., 08.06. (Pfingstmontag), 14.06., 17.06. (Tag der deutschen Einheit), 18.06 (Fronleichnam, jedoch nur in Baden-Württemberg, Bayern, Hessen, Nordrhein-Westfalen, Rheinland-Pfalz und Saarland) und 21.06.1981. Die Frist endet daher mit Ablauf des 22.06.1981 in den o.g. Bundesländern, in den übrigen bereits mit Ablauf des 20.06.1981.

2.2.3 Literatur und Rechtsprechung

Urteile

OLG Düsseldorf vom 15.05.1964, 5 U 270/63
Die Abnahme setzt lediglich ein in der Hauptsache vollendetes Werk voraus. Es ist daher unschädlich, wenn geringfügige Arbeiten noch ausstehen oder wegen einzelner Mängel noch Nachbesserung verlangt wird.
Schäfer-Finnern Z 2.50, Bl. 19

BGH vom 02.03.1972, VII ZR 146/70
Die zur Abnahme erforderliche Herstellung bedeutet nicht, daß das Werk ohne jeden Mangel ganz vollendet ist. Vielmehr genügt es, daß das Werk im großen und ganzen (in der Hauptsache, im wesentlichen) dem Vertrag entsprechend hergestellt ist und demgemäß vom Besteller gebilligt werden kann.
BauR 1972, S. 251 (252)

BGH vom 25.01.1973, VII ZR 149/72
Die Abnahme bedeutet die Anerkennung des Werkes als der Hauptsache nach vertragsgemäße Erfüllung. Sie kann vom Bauherrn bereits dann vorgenommen werden, wenn sie vom Unternehmer noch nicht verlangt werden könnte.
BauR 1973, S. 192; Schäfer-Finnern Z 2.411 Bl. 50

LG Köln vom 19.03.1975, 49 O 91/74
Betrachtet der Auftraggeber in Übereinstimmung mit dem Auftragnehmer das Bauvertragsverhältnis trotz Nichtbeendigung der Bauarbeiten als abgeschlossen und hat er eine Schlußrechnung

vorgenommen, die selbst errechneten Restforderungen anerkannt und zur Zahlung angewiesen, so kann darin ein Verzicht auf das Erfordernis einer Abnahme der Werkleistung liegen.
Schäfer-Finnern Z 2.50, Bl. 28

BGH vom 25.09.1978, VII ZR 263/77
Auch Samstage gelten als Werktage im Sinne von § 11 Nr. 3 VOB/B (1973). BauR 1978, S. 485; NJW 1978, S. 2594; BB 1978, S. 1592;
WM 1978, S. 1293; MDR 1978, S. 920

2.3 Teilabnahme (§ 12 Nr. 2a VOB/B)

Grundsatz: Gesamtabnahme

Normalerweise findet die Abnahme statt, wenn der Auftragnehmer seine gesamte vertragliche Leistung wenigstens funktionell erbracht hat. Doch läßt das Gesetz auch Ausnahmen zu. So bestimmt § 641 Abs. 1 Satz 2 BGB:
„Ist ein Werk in Teilen abzunehmen und die Vergütung für die einzelnen Teile bestimmt, so ist die Vergütung für jeden Teil bei dessen Abnahme zu entrichten."

Es besteht demnach die Möglichkeit, daß die Parteien bereits bei Vertragsabschluß vereinbaren, die Leistung dürfe in Teilen erbracht und müsse folglich auch so abgenommen werden. Darüber hinaus besagt jedoch § 12 Nr. 2a VOB/B, daß in sich abgeschlossene Teile der Leistung auf Verlangen (des Auftragnehmers) besonders abzunehmen sind. Hier handelt es sich, im Gegensatz zu § 641 Abs. 1 Satz 2 BGB, um ein Recht des Auftragnehmers, das er sogar gegen den Willen des Auftraggebers durchsetzen kann.

Auch die Teilabnahme nach § 12 Nr. 2a VOB/B ist eine rechtsgeschäftliche Abnahme i.S. von § 640 BGB und erzeugt dieselben Rechtswirkungen wie jene. Sie ist daher, bezogen auf ihren Bereich, von denselben Voraussetzungen abhängig, d.h. die Teilleistung muß im wesentlichen vollendet sein. Ein ausdrückliches Abnahmeverlangen des Auftragnehmers braucht dagegen nicht notwendig vorzuliegen.

2.3.1 „Abgeschlossener Teil" der Leistung

Gegenstand der Teilabnahme

Diese Abnahme kann nur bezüglich *in sich abgeschlossener Teile* durchgeführt werden. Das bedeutet im einzelnen, daß die Teile nach allgemeiner Auffassung und Anschauung selbständig und von den übrigen Leistungen aus demselben Bauvertrag unabhängig sein müssen. Ferner müssen sie sich in ihrer Gebrauchsfähigkeit für sich allein beurteilen lassen, d.h. fähig sein, die ihnen zugedachte Funktion selbständig zu erfüllen.

Beispiele

Handelt es sich um schlüsselfertige Erstellung durch einen Generalunternehmer, so ist die vertraglich geschuldete Leistung als Ganzes maßgebend. Selbständige, abgrenzbare Teile sind dann nur die Außenanlagen, Nebengebäude, eine nicht in den Gebäudekomplex einbezogene Garage usw. Wurden aber für die einzelnen Gewerke jeweils Aufträge erteilt, so ist jedes von ihnen „Bauleistung" und für sich abzunehmen. Eine weitere Unterteilung i.S. von § 12 Nr. 2a VOB/B ist bei räumlicher Trennung denkbar, etwa wenn der Bauschreiner *in einem Vertrag* die drei Baulose „Fenster", „Türen" und „Treppengeländer" erhalten hat oder wenn eine Fachfirma die Heizungsanlage *und* die Elektroinstallation erbringen muß. Dann ist bei den Einzelabschnitten eine Teilabnahme gem. § 12 Nr. 2a zulässig.

Einzelfälle zu § 12 Nr. 2a VOB/B

Unmöglich ist jedoch die Abnahme nur eines Stockwerkes oder gar nur einer Betondecke, weil es sich um unselbständige Teile des Rohbaues handelt.

Die Beispiele zeigen, daß bei dieser Bestimmung eine sehr enge Auslegung getroffen wird, sie also deshalb Ausnahmecharakter besitzt.

2.3.2 Technische Abnahme (§ 12 Nr. 2b VOB/B) – Abgrenzung

Technische Abnahme

Aus diesen Erwägungen ist eine strenge Abgrenzung zu der sog. „unechten Teilabnahme" zu vollziehen, die in § 12 Nr. 2b VOB/B angesprochen wird. In dieser Vorschrift, die bereits im Zusammenhang mit der Vollmacht des Architekten erwähnt wurde (vgl. in diesem Kapitel Nr. 1.2.2.1), ist gesagt, daß die bisher erstellten Einzelleistungen, welche durch den Baufortschritt der Prüfung und Feststellung entzogen werden, bezüglich der ordnungsmäßigen Beschaffenheit sogleich untersucht werden können, damit nicht später Nachweisprobleme auftreten. Denn diese Leistungen sind später gar nicht mehr oder nur unter unverhältnismäßigem Aufwand feststellbar. Paradebeispiel dürfte wohl die „Abnahme" einer Stahlarmierung sein, bei der in der Regel auch der Statiker hinzugezogen wird.

Der auch von der VOB verwendete Ausdruck „Abnahme" ist bei diesem Vorgang irreführend, denn es handelt sich allenfalls um die Vorbereitung der später folgenden Abnahme i.S. von § 640 BGB. Hier bietet sich vielmehr ein Bezug zu § 14 Nr. 2 Satz 2 VOB/B an, wonach die für die Abrechnung notwendigen Feststellungen dem Fortgang der Leistung entsprechend möglichst gemeinsam vorzunehmen sind. Es handelt sich also dabei um nichts anderes, als um eine Art gemeinsamen Aufmaßes. Für diesen speziellen Fall hat sich allgemein die Bezeichnung „Technische Abnahme" eingebürgert.

Daraus folgt jedoch, daß im Gegensatz zu § 12 Nr. 2a VOB/B, hier die *Rechtsfolgen* wie bei der rechtsgeschäftlichen Abnahme (vgl. Kapitel 3) *nicht eintreten;* allenfalls kann der Auftragnehmer eine Abschlagsrechnung stellen, wenn auch die übrigen Voraussetzungen bestehen, die nach § 16 Nr. 1 VOB/B dafür gefordert werden.

Wenn sich der Auftraggeber aber weigert, eine „technische Abnahme„ durchzuführen, dann besteht die Gefahr, daß er irgendwelche Mängel nicht bemerkt und später die Leistung ohne Vorbehalt gem. §§ 640 BGB, 12 Nr. 1 VOB/B abnimmt. Tritt der Mangel während der Gewährleistung auf, muß er dem Auftragnehmer nachweisen, daß jener den Mangel verursacht hat. Wird der Mangel aber erst nach Ablauf der in § 13 Nr. 4 VOB/B genannten Frist erkannt, dann kann der Auftragnehmer sich auf

Verjährung der Gewährleistungsansprüche berufen und die Nachbesserung verweigern.

wichtiger Hinweis

Dies alles zeigt, daß die technische Abnahme in überwiegendem Maße dem Interesse des Auftraggebers dient, ganz anders als die rechtsgeschäftliche Abnahme. Folglich muß auch ihm *das Recht* zugebilligt werden, eine solche *Abnahme zu verlangen*, und davon *sollte er ausgiebig Gebrauch machen*.

2.3.3 Literatur und Rechtsprechung

Urteile:

BGH vom 28.03.1966, VII ZR 39/64
§ 641 Absatz 1 Satz 2 BGB setzt nicht voraus, daß die Teilabnahme schon im Vertrag vorgesehen ist. Sie kann auch noch während der Ausführung der Arbeiten vereinbart werden. Schäfer-Finnern Z 2.50, Bl. 22

BGH vom 06.05.1968, VII ZR 33/66
1. Zur Wirkung einer Teilabnahme
2. Nach § 13 VOB/B bestimmt sich die Haftung für Mängel, wenn die Gesamtleistung oder in sich abgeschlossene Teile der Leistung ausgeführt und abgenommen sind (amtliche Leitsätze; Auszug).
BGH Z 50, S. 160; NJW 1968, S. 1524; VersR 1968, S. 750; MDR 1968, S. 750; BB 1968, S. 770

BGH vom 28.06.1973, VII ZR 218/71
Werden Rohbau- und Innenputzarbeiten durch zwei getrennte Aufträge vergeben, so handelt es sich bei der Abnahme der Rohbauarbeiten nicht um eine Teilabnahme.
Schäfer-Finnern Z 2.331, Bl. 94

BGH vom 10.07.1975, VII ZR 64/73
Zur Abnahme in sich abgeschlossener Teile der Leistung und zum Beginn der Verjährung von Gewährleistungsansprüchen
BauR 1975, S. 423

2.4 Abnahme von „Mängelbeseitigungsleistungen"

Ein Sonderfall der Abnahme wird in § 13 Nr. 5 Abs. 1 Satz 3 VOB/B ganz nebenbei erwähnt, nämlich die Abnahme der Mängelbeseitigungsleistung. Diese Vorschrift ist erst im Jahre 1973 neu in die VOB eingefügt worden, ansonsten ist der Begriff „Mängelbeseitigungsleistung" dem Werkvertragsrecht fremd.

Beispiel

Die Besonderheit des hier angesprochenen Falles wird deutlich, wenn man sich die konkrete Situation im Bauablauf vor Augen hält: An der längst erbrachten und abgenommenen Baumaßnahme treten Mängel auf, die ihre Ursache in der fehlerhaften Ausführung haben. Der Auftragnehmer, der sich dieser Einsicht nicht verschließt, bessert nach und verlangt vom Auftraggeber, diese Leistung abzunehmen.

Es handelt sich hier um eine rechtsgeschäftliche Abnahme i.S. von § 640 BGB und von § 12 Nr. 1 VOB/B. Gerade bei dieser Fallgestaltung aber spielt die „fiktive Abnahme" gem. § 12 Nr. 5 VOB/B ?eine sehr große Rolle. Denn bei bereits bewohnten oder sonstwie genutzten Bauwerken beginnt die 6-Tage-Frist nach Abs. 2 in der Regel schon durch die mit der Beendigung der Nachbesserung zusammenfallende Weiterbenutzung, die Abnahmewirkung kann also sehr schnell eintreten. Aus diesem Grunde *empfiehlt es sich zu vereinbaren*, daß bei Mängelbeseitigungsleistungen eine *förmliche* Abnahme zu erfolgen hat. Das verschafft größtmögliche Sicherheit hinsichtlich der Leistungsüberprüfung auf Vertragsmäßigkeit und hinsichtlich des Beginns der neuen Gewährleistungsfrist.

wichtiger Hinweis

3 Wann braucht die Bauleistung nicht abgenommen werden?

Am einfachsten würde sich diese Frage in Umkehrung der Ausführungen zu Nr. 2 beantworten lassen: Liegen die dort genannten Voraussetzungen nicht vor, so braucht der Auftraggeber die Abnahme nicht durchzuführen bzw. er kann sie verweigern. Dementsprechend sind zwei Fallgestaltungen zu unterscheiden:

3.1 Fehlendes Abnahmeverlangen

wichtiger Hinweis

Solange der Auftragnehmer keine Abnahme verlangt, braucht sie der Auftraggeber auch nicht durchzuführen. Dies würde vor allem den Auftragnehmer benachteiligen, weil er nicht abrechnen kann, weiterhin die Leistungsgefahr trägt usw. Dennoch muß gerade dem Auftraggeber in einer solchen Situation *zu erhöhter Vorsicht geraten* werden, damit er nicht infolge „fiktiver Abnahme" alle diese Rechtsfolgen herbeiführt, ohne dabei seine eigenen Ansprüche zu wahren. Vor allem muß er sich davor hüten, die Leistung in Benutzung zu nehmen, weil dann mit Ablauf von 6 Werktagen die Abnahmewirkungen eintreten (§ 12 Nr. 5 Abs. 2 VOB/B). Doch ist dies noch eher zu vermeiden, weil hier vom Auftraggeber ein aktives Tun verlangt wird. Viel gefährlicher ist dagegen *folgender Fall:*

Beispiel

Der Auftragnehmer schreibt an den Auftraggeber: „Nachdem der Bau fertig ist, erlaube ich mir, in Anlage meine Rechnung zu präsentieren". Der Auftraggeber reagiert darauf nicht, weil er meint, es habe ja noch gar keine Abnahme stattgefunden. Das Handeln seines Vertragspartners sei voreilig.

Diese Auffassung kann sich für den Auftraggeber sehr verhängnisvoll auswirken. Denn in der Übersendung der Rechnung, vor allem mit dem beigefügten Text, ist eine schriftliche Anzeige der Fertigstellung zu erblicken. Gem. § 12 Nr. 5 Abs. 1 VOB/B gilt dann die Leistung mit Ablauf von 12 Werktagen als abgenommen, auch wenn sich der Auftraggeber dessen gar nicht bewußt ist. Hat er in dieser Zeit keinen Vorbehalt wegen bekannter Mängel oder wegen einer angefallenen Vertragsstrafe geltend gemacht, so gehen ihm seine diesbezüglichen Rechte verloren.

wichtiger Hinweis

Deshalb muß bereits an dieser Stelle eindringlich darauf hingewiesen werden, bei Vertragsabschluß zu vereinbaren, daß unter allen Umständen eine ausdrückliche oder besser noch eine förmliche Abnahme stattfinden solle. Damit ist § 12 Nr. 5 von vornherein ausgeschlossen, die oben geschilderten, unliebsamen Überraschungen für den Auftraggeber können nicht eintreten.

3.2 Verweigerung der Abnahme wegen wesentlicher Mängel

„Fertigstellung" als notwendige Voraussetzung der Abnahme

Unverzichtbare Voraussetzung der Abnahme ist die Fertigstellung der vertraglichen Leistung „im wesentlichen". Fehlt es daran, so ist der Auftraggeber berechtigt, die Abnahme zu verweigern. Demgemäß bestimmt § 12 Nr. 3 VOB/B wörtlich, daß wegen wesentlicher Mängel die Abnahme bis zur Beseitigung verweigert werden kann. Dies ist gegenüber dem gesetzlichen Werkvertragsrecht eine klare *Besserstellung des Auftragnehmers,* denn nach § 640 BGB kann schon bei geringfügigen Mängeln die Abnahme abgelehnt werden. Doch muß mit Rücksicht auf die Besonderheiten der Baubranche diese Regelung als angemessen

wesentliche und unwesentliche Mängel

betrachtet werden. Ein Gebäude stellt nämlich eine so komplizierte Leistung dar, daß immer irgendwo etwas gefunden werden kann, was als mangelhaft oder vertragswidrig zu bezeichnen wäre. Steht dies aber in keinem Verhältnis zum Ganzen, so müßte es höchst ungerecht erscheinen, deswegen von einer „Nichterfüllung" zu sprechen und eine Verweigerung der Annahme zuzulassen. Um eine zumutbare Toleranzgrenze zu schaffen hat der Deutsche Verdingungsausschuß bei Abfassung der VOB eine Unterscheidung zwischen wesentlichen und unwesentlichen Mängeln vorgenommen, die sich bislang auch zufriedenstellend bewährt hat.

3.2.1 „Mangel" und „Schaden" im Gewährleistungsrecht

Bevor man sich aber mit diesen Begriffen eingehender befaßt, bedarf es einiger Erklärungen zum „Mangel" und zum „Schaden" im bauvertraglichen Gewährleistungsrecht:

„Mangel" und „Schaden" im Gewährleistungsrecht

Nach § 633 Abs. 1 BGB ist der Unternehmer verpflichtet, das Werk so herzustellen, daß es die zugesicherten Eigenschaften hat und nicht mit Fehlern behaftet ist, die den Wert oder die Tauglichkeit zu dem gewöhnlichen oder dem nach dem Vertrag vorausgesetzten Gebrauch aufheben oder mindern. Dem folgend bestimmt § 13 Nr. 1 VOB/B: „Der Auftragnehmer übernimmt die Gewähr, daß seine Leistung zur Zeit der Abnahme die vertraglich zugesicherten Eigenschaften hat, den anerkannten Regeln der Technik entspricht und nicht mit Fehlern behaftet ist, die den Wert oder die Tauglichkeit zu dem gewöhnlichen oder dem nach dem Vertrag vorausgesetzten Gebrauch aufheben oder mindern". Nr. 2 bemerkt bezüglich der „zugesicherten Eigenschaften" noch zusätzlich: „Bei Leistungen nach Probe gelten die Eigenschaften der Probe als zugesichert, soweit nicht Abweichungen nach der Verkehrssitte als bedeutungslos anzusehen sind".

Sind diese Merkmale bei einer Bauleistung nicht erreicht, so ist diese „mangelhaft" und der Auftragnehmer ist grundsätzlich verpflichtet, diese Mängel auf seine Kosten zu beseitigen (§ 13 Nr. 5 VOB/B).

Kapitel 2: Durchführung der Bauabnahme

„Schaden" als Folge eines „Mangels"

Davon ist der „Gewährleistungs*schaden*" zu unterscheiden, der eine *Folge des Mangels* darstellt. Nach der vom Bundesgerichtshof entwickelten Begriffsbestimmung ist „Schaden" jeder Nachteil, den jemand durch ein bestimmtes (schadenstiftendes) Ereignis an seinem Vermögen oder an seinen sonstigen rechtlich geschützten Gütern erleidet. Er besteht in der Differenz zwischen zwei Güterlagen: Der tatsächlichen Lage, die durch das Schadensereignis geschaffen ist, und der unter Ausschaltung des Ereignisses gedachten Situation. Somit ist der Schaden kein reiner Rechtsbegriff, sondern ein auf die Rechtsordnung bezogener, wirtschaftlicher Begriff. Wer Schadenersatz zu leisten hat, muß

Schaden im Rechtssinne

die gleiche wirtschaftliche Lage wieder herstellen, wie sie ohne Eintritt des zum Schadensersatz verpflichtenden Ereignisses bestanden hätte.

Im Gewährleistungsrecht des Werkvertrages kommt speziell dazu, daß der dort angesprochene Schaden sich *aus einem Mangel ursächlich entwickelt* haben muß, um als Gewährleistungsschaden zu gelten. In § 13 Nr. 7 VOB/B, wo diese Materie geregelt ist, wird außerdem noch zwischen dem „Schaden an der baulichen Anlage" und dem „darüber hinausgehenden Schaden" unterschieden.

Beispiele

1. Bei einem Neubau sind die Kellermauern versehentlich nicht isoliert worden. Eindringendes Wasser durchfeuchtet das Mauerwerk und den Putz. Außerdem dringt es in die elektrische Anlage ein und führt zu einem Kurzschluß. In der im EG liegenden Metzgerei fällt die Kühlanlage aus und Fleischwaren verderben.

2. Bevor der Deckenputz an der Betondecke (Ortbeton) angebracht wurde, war diese nicht genügend vorbehandelt, insbesondere nicht vom Schalöl gereinigt worden. Nach Fertigstellung und Abnahme fällt der Deckenputz herunter. Dabei werden der Boden und die Möbel erheblich beschädigt. Außerdem erleidet ein Bewohner schwere Verletzungen.

Wie ist die Rechtslage hinsichtlich der Mängel und Schäden?

Lösung:

„Mangel" i. S. der Gewährleistungsvorschrift ist die fehlende Isolierung bzw. der unfachmännisch aufgebrachte Putz. Dies muß gem. § 13 Nr. 5 VOB/B nachgebessert werden. „Schäden" sind die daraus entstandenen Nachteile, und zwar

„am Bauwerk" (§ 13 Nr. 7 Abs. 1): durchfeuchtetes Mauerwerk und nasser Putz; Kurzschluß in der elektrischen Anlage; Beschädigung des Fußbodens.

„Darüber hinausgehend" (§ 13 Nr. 7 Abs. 2): Ausfall der Kühlanlage; Beschädigung der Möbel.

Die Verletzung des Bewohners dagegen zählt rechtlich nicht zum Gewährleistungsschaden, sondern ist ausschließlich nach den §§ 823 ff. BGB zu beurteilen.

3.2.2 „Wesentliche" und „unwesentliche" Mängel

Abgrenzung zwischen wesentlichen und unwesentlichen Mängeln

Vorab ist dazu aber anzumerken, daß diese Unterscheidung nicht nur für § 12 Nr. 3 VOB/B von Bedeutung ist, sondern auch für § 13 Nr. 7 Abs. 1 VOB/B. Danach ist der Auftragnehmer nämlich verpflichtet, dem Auftraggeber den Schaden an der baulichen Anlage zu ersetzen, wenn ein *wesentlicher* Mangel, der die Gebrauchsfähigkeit erheblich beeinträchtigt, auf ein Verschulden des Auftragnehmers oder seines Erfüllungsgehilfen zurückzuführen ist.

Da der wesentliche Mangel in der VOB nicht definiert ist, muß bei der Begriffsbestimmung von anderen Anhaltspunkten ausgegangen werden. Hierbei bietet sich vor allem der schon erwähnte § 13 Nr. 1 VOB/B an, der wie folgt zu modifizieren wäre:

„Ein *wesentlicher* Mangel liegt vor, wenn die Bauleistung die vertraglich zugesicherten Eigenschaften nicht hat, nicht den anerkannten Regeln der Technik entspricht oder sonst mit *beachtlichen* Fehlern behaftet ist, die den Wert und die Tauglichkeit zu dem gewöhnlichen oder dem nach dem Vertrag vorausgesetzten Gebrauch aufheben oder *wesentlich* mindern."

Bei dieser Bewertung der Bauleistung sind sowohl objektive als auch subjektive Merkmale heranzuziehen, im letzteren Falle insbesondere der geäußerte Wille und die offenkundig gewordene Vorstellung des Auftraggebers. Demnach sind drei Fälle zu unterscheiden:

3.2.2.1 Fehlen vertraglich zugesicherter Eigenschaften

Im Vertrag kann ausdrücklich oder doch zumindest erkenntlich zugesichert sein, daß die Leistung eine bestimmte Eigenschaft haben solle. Diese Zusage kann sich auf die Gebrauchsfähigkeit und Haltbarkeit beziehen, aber auch auf rein dekorative Details u.ä.

Beispiele

Betongüte, wärmedämmende Eigenschaft eines bestimmten Mauerwerks, ausreichende Schalldämmung;

Gesamteindruck eines bestimmten Fußbodenbelages insbesondere wenn eine „Bemusterung" vorausgegangen ist, § 13 Nr. 2 VOB/B); Türblätter und -Zargen in Mahagoni oder Teak.

Zusicherung einer Eigenschaft

Es genügt nicht, daß irgendwann gesprächsweise über solche Eigenschaften diskutiert worden ist, die Zusicherung muß vielmehr ihre Grundlage im Bauauftrag, dort zumeist wohl im Leistungsverzeichnis, haben. Aber auch der Bezeichnung der Baumaßnahme kann in diesem Zusammenhang Bedeutung zukommen. Bei einem Wohnhaus wird man andere Eigenschaften erwarten, als bei einem Lagerhaus oder einem Stallgebäude. Die Verpflichtung des Auftragnehmers, einen solchen Bau auszuführen, umfaßt auch die damit verbundenen Eigenschaften.

3.2.2.2 Verstoß gegen die anerkannten Regeln der Technik

Die anerkannten Regeln der Technik sind in zwei Gruppen zu unterteilen:

Regeln der Technik

Die allgemein gültigen, technischen Regeln, die jedem an der Bauwirtschaft beteiligten Unternehmer bekannt sind und eingehalten werden müssen (z. B. allgemeine Erfordernisse an die Stabilität des Bauwerks, Regendichtigkeit von Dächern oder Fenstern) und *die speziellen, branchenbezogenen Regeln der Technik,* die ein Fachmann auf diesem Gebiet kennen muß (z. B. daß Vormauerwerk frostbeständig sein muß, daß zwischen Anhydrit-Estrich und der Betondecke eine Isolierung gegen Diffusionsfeuchtigkeit eingebracht werden muß u. ä.). Dazu zählen vor allem die Allgemeinen Technischen Vorschriften, also die ein-

DIN-Normen

schlägigen DIN-Normen. Doch besteht darüberhinaus für den Auftragnehmer die Verpflichtung, die Fachdiskussion ständig zu verfolgen um festzustellen, ob die formal bestehenden DIN-Normen noch gültig sind. So entsprachen z. B. spätestens seit 1974 die Mindestanforderungen für den Schallschutz (DIN 4109) auch bei durchschnittlichem Wohnkomfort nicht mehr den anerkannten Regeln der Technik.

3.2.2.3 Fehlerhaftigkeit der Leistung

Fehler der Bauleistung

Fehler der Bauleistung i. S. von § 13 Nr. 1 VOB/B sind dem Werk anhaftende, negative Abweichungen, die den Wert oder die Tauglichkeit zumindest beeinträchtigen. Von Bedeutung sind also nur die Fehler, die den Wert mindern oder die Tauglichkeit zum gewöhnlichen oder zum vertraglich vorausgesetzten Gebrauch wenigstens einschränken oder sogar aufheben. „Gewöhnlicher Gebrauch" ist der objektive Verwendungszweck der Baumaßnahme (Lagerhaus, Straße, Brücke), der sich schon im Namen widerspiegelt. „Vertraglich vorgesehener Gebrauch" beinhaltet dagegen subjektive Vorstellungen, die jedoch in den Vertrag eingegangen sein müssen.

erhebliche Beeinträchtigung der Bauleistung

Da § 12 Nr. 3 VOB/B nur „wesentliche Mängel" erwähnt, muß der hier definierte „Fehler" den Wert oder die Tauglichkeit *erheblich* beeinträchtigen, um den Tatbestand dieser Vorschrift zu erfüllen. Wenn Wert oder Tauglichkeit gewissermaßen *auf Null reduziert* sind, dann liegt immer ein wesentlicher Mangel vor. Welcher Grad der Beeinträchtigung aber schon erheblich ist, kann nicht allgemein gesagt werden, sondern richtet sich nach dem Einzelfall. Eine größere Menge unerheblicher Fehler kann sich insgesamt zu einer wesentlichen Beschränkung der Tauglichkeit summieren und so zur Verweigerung der Abnahme berechtigen.

Beispiel

Ist der Handlauf eines Holztreppengeländers in einem Wohnhaus so rauh, daß dadurch Verletzungsgefahren für die Benutzer bestehen, so ist dies ein objektiv erheblicher Mangel. Wenn dagegen der verlangte Farbton nicht getroffen wurde, so ist dies unerheblich. Dasselbe gilt, wenn das Holz nicht ganz astfrei ist.

Die Fälle, in denen die Tauglichkeit nach dem vertraglich vorgesehenen Zweck nicht erreicht wird, gehören stets zu den wesentlichen Leistungsmängeln. Dazu zählen etwa: nicht erreichte Trag-

Kapitel 2: Durchführung der Bauabnahme

Beispiele

fähigkeit einer Straßendecke oder einer Betonplatte, zu geringe lichte Weite eines Tunnels, zu wenig Gefälle oder zu tiefe Verlegung einer Abwasserleitung, so daß ein Anschluß an das Kanalnetz unmöglich ist.

Da § 13 Nr. 1 alle Mängelarten erfassen will und deshalb auch eine sehr weite Begriffsbestimmung vornimmt, ist es durchaus denkbar, daß ein Mangel mehrere oder gleich alle drei o. a. Tatbestände verwirklicht. Wenn z. B. bei einem Wohnhaus ein Gleitlager unter der Betondecke nicht ausgeführt wurde und durch die

Beispiel

Ausdehnung Mauerrisse entstehen, dann fehlen vertragliche Eigenschaften, es wurde gegen die Regeln der Technik verstoßen, der Wert ist mit Sicherheit gemindert und unter Umständen auch die Tauglichkeit.

3.2.3 Erklärung der Abnahmeverweigerung

Abnahmeverweigerung als Willenserklärung

So wie die Abnahme als Billigung einer vertragsgemäßen Ausführung eine Willenserklärung des Auftraggebers darstellt, gilt dies auch für die Ablehnung derselben, weil dabei eine *Miß*billigung geäußert wird. Es müssen also alle Anforderungen, die an eine Willenserklärung gestellt werden, auch bei der Abnahmeverweigerung vorliegen. Die wenigsten Zweifel bestehen, wenn der Auftraggeber ausdrücklich erklärt, er lehne die Abnahme ab, und wenn er dies noch – bei der „förmlichen Abnahme" – zusätzlich protokollieren läßt. Aber manchmal wird dies auch nicht so deutlich zum Ausdruck gebracht; dann muß sich zumindest aus dem Verhalten des Auftraggebers und den sonstigen Umständen eine Verweigerung ergeben. Rügt er z. B. zahlreiche Mängel und

Beispiel

verläßt er dann wortlos die Baustelle, dann spricht vieles dafür, daß die Abnahme nicht erklärt ist. Dasselbe gilt, wenn er sagt, er werde für eine so schlechte Arbeit nichts bezahlen.

Hat der Auftraggeber aber weder Zustimmung noch Ablehnung bekundet, dann darf daraus keine „Verweigerung" abgeleitet werden; es ist nämlich überhaupt keine Erklärung abgegeben worden. Wegen des bestehenden Abnahmeverlangens befindet sich der Auftraggeber nun im sogenannten *Annahmeverzug*

Abnahme- und Schuldnerverzug

(§ 293 BGB), der Auftragnehmer kann ihn durch nachfolgende Mahnung in *Schuldnerverzug* bringen *§ 284, 285 BGB;* vgl. dazu auch unten Nr. 3.3.2).

3.3 Rechtsfolgen der Abnahmeverweigerung

Die Rechtsfolgen aus der Verweigerung der Abnahme sind verschieden, je nachdem ob der Auftraggeber diese Erklärung zu Recht (§ 12 Nr. 3 VOB/B) oder zu Unrecht abgegeben hat.

3.3.1 Bei berechtigter Ablehnung

berechtigte Ablehnung

Hat es der Auftraggeber *berechtigterweise abgelehnt,* die Baumaßnahme abzunehmen, weil ihr wesentliche Mängel anhaften, dann ist die Abnahme nicht durchgeführt und folglich auch keine Vertragserfüllung eingetreten. Der Auftragnehmer ist nach wie vor verpflichtet, seine Leistung zu erbringen, und zwar so, daß sie „abnahmereif" ist. Das bedeutet, daß die Abnahmewirkungen nicht herbeigeführt wurden und daß eine Vertragsstrafe, die für den Fall verspäteter Herstellung vereinbart worden ist, weiterläuft.

3.3.2 Bei unberechtigter Ablehnung

unberechtigte Ablehnung

Stellt sich aber nach der Abnahmeverweigerung heraus (z. B. durch Schiedsgutachten, gerichtliche Beweissicherung oder Beweisaufnahme), daß *keine „wesentlichen Mängel" vorlagen,* gestaltet sich die Rechtslage für den Auftraggeber wesentlich ungünstiger. Allerdings ist die Leistung auch bei unberechtigter Weigerung nicht als abgenommen anzusehen; eine „Abnahme-Fiktion" i. S. von § 12 Nr. 5 VOB/B ist nicht möglich, weil der anderslautende Wille des Auftraggebers klar zum Ausdruck gekommen ist.

3.3.2.1 Annahmeverzug des Auftraggebers

Annahmeverzug

Nach § 293 BGB kommt aber der Gläubiger in Annahmeverzug, wenn er die ihm angebotene Leistung nicht annimmt. Diese Vorschrift ist hier anwendbar, die Wirkungen ergeben sich aus den § 300 - 304 BGB. Danach geht die Gefahr auf den Schuldner (= Auftraggeber) über, (§ 644 Abs. 1 BGB); der Auftragnehmer wird insoweit von seiner Leistungspflicht frei. Muß er für die Erhaltung der Bauleistung Mehraufwendungen treffen, kann er dafür vom Auftraggeber Ersatz verlangen, (§ 304 BGB). Bezüglich der Gefahrtragung und der daraus entstehenden Folgen wird auf die Ausführungen des 3. Kapitels, Nr. 2.1 (Gefahrübergang), verwiesen.

3.3.2.2 Schuldnerverzug des Auftraggebers

Schuldnerverzug

Darüber hinaus kann der Auftragnehmer *durch Mahnung* den Auftraggeber in sogenannten „Schuldnerverzug" setzen, weil jener schuldhaft seiner Vertragspflicht zur Abnahme nicht rechtzeitig nachgekommen ist. Daraus folgt, daß der Auftragnehmer jeden Schaden, der ihm aus der unberechtigten Weigerung entstanden ist, geltend machen kann (§§ 286, 326 BGB). Außerdem treten nach allgemeiner Auffassung die gesamten Wirkungen der Abnahme dennoch ein: Insbesondere darf der Auftragnehmer jetzt seine Schlußrechnung stellen und braucht nur noch mit Gewährleistungsansprüchen zu rechnen, und zwar schon von dem Moment an, in dem die unberechtigte Weigerung erklärt worden ist.

wichtiger Hinweis

Dem Auftraggeber muß also dringend nahegelegt werden, nicht zu voreilig das Recht aus § 12 Nr. 3 VOB/B in Anspruch zu nehmen, sondern vorher sorgfältigst zu prüfen, ob die vorhandenen Mängel tatsächlich so schwerwiegend sind. Er sollte also regelmäßig eine förmliche Abnahme fordern, wozu er nach § 12 Nr. 4 VOB/B berechtigt ist, und dabei einen Sachverständigen zuziehen. Nur so bleiben ihm peinliche Überraschungen erspart.

3.3.2.3 Klage auf Abnahme

Klage auf Abnahme?

Letztlich wäre noch die Frage zu klären, ob der Auftragnehmer in dem geschilderten Fall seinen Bauherrn auf Abnahme gerichtlich verklagen kann. Sein Antrag müßte dann lauten, den Auftraggeber zu verurteilen, die Abnahme zu erklären. Die *Klage auf Abgabe einer Willenserklärung* ist prozeßtechnisch ohne weiteres denkbar und möglich. Zwei Gründe sprechen allerdings gegen ein solches Vorgehen:

Wenn der Auftragnehmer den Auftraggeber hinsichtlich seiner Abnahmepflicht durch Mahnung in Verzug setzt, so treten im wesentlichen die Abnahmewirkungen ein. Dies könnte das Gericht veranlassen zu sagen, die Klage sei mangels Rechtsschutzbedürfnisses unzulässig, der Auftragnehmer könne das erstrebte Ziel auf anderem, einfacherem Weg erreichen. Außerdem ist dem Auftragnehmer allein mit der Feststellung, die Abnahme sei nun vollzogen, auch nur unvollkommen geholfen, weil die rechtlichen Folgen hieraus evtl. noch zwangsweise herbeigeführt werden müssen.

Wichtiger Hinweis

Deshalb wird ein verantwortungsvoller Rechtsanwalt seinem Mandanten raten, den Auftraggeber in Schuldnerverzug zu bringen und ihm die Schlußrechnung zu stellen. Wird diese nicht beglichen, so kann nach Fälligkeit gleich die Zahlungsklage erhoben werden. Im Verlauf dieses Verfahrens werden die mit der Abnahme zusammenhängenden Fragen vorab geprüft und entschieden.

3.4 Literatur und Rechtsprechung

Aufsätze (zur „Wesentlichkeit" eines Mangels):

Schmidt:	Gewährleistung nach § 13 VOB Teil B; MDR 1963, S. 263
Schmalzl:	Die Gewährleistungsansprüche des Bauherrn gegen den Bauunternehmer; NJW 1965, S. 129
Weinow:	Die Baumängelhaftung nach der VOB; NJW 1965, S. 129
Immenga:	Fehler oder zugesicherte Eigenschaft; Archiv für civilistische Praxis, Band 71, S. 1

Urteile:

OLG Köln vom 27.01.1971, 2 U 79/69
Die Verweigerung der Abnahme (§ 640 BGB) begründet keinen Annahmeverzug bei mangelhafter Leistung des Bauunternehmers.
Schäfer-Finnern Z 4.01, Bl. 62

BGH vom 30.09.1971, VII ZR 20/70
Die einem Besteller vereinbarungsgemäß obliegende Pflicht zum Abruf der vom Unternehmer zu erbringenden Werkleistung stellt in der Regel keine Hauptverpflichtung dar, durch deren Nichterfüllung die Rechtsnachfolgen des § 326 BGB herbeigeführt werden können (amtlicher Leitsatz).
BB 1971, S. 1386; NJW 1972, S. 99; MDR 1972, S. 39; DB 1971, S. 2151

BGH vom 26.02.1981, VII ZR 287/79
Zur Frage, wann ein Mangel „wesentlich" ist und deshalb nach § 12 Nr. 3 VOB/B (1973) zur Verweigerung der Abnahme berechtigt.
BauR 1981, S. 284; NJW 1981, S. 1448

4. Wie wird die Bauleistung abgenommen?

4.1 Arten der Bauabnahme (Übersicht)

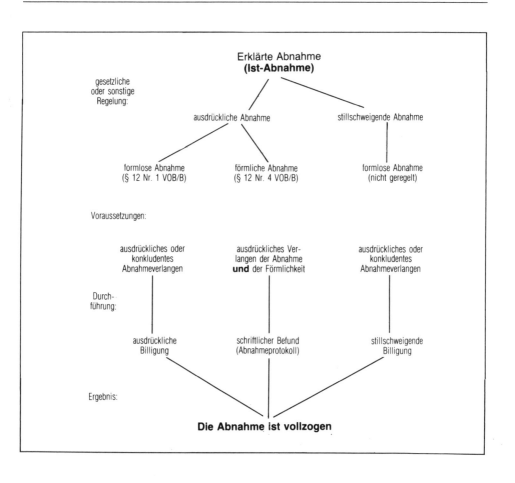

Kapitel 2: Durchführung der Bauabnahme 93

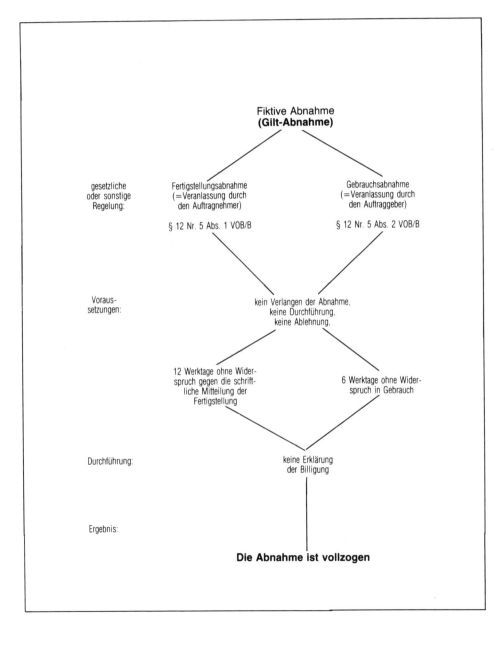

4.2 Erklärte Abnahme (Ist-Abnahme)

Im Normalfall gibt der Auftraggeber gegenüber seinem Auftragnehmer die ausdrückliche Erklärung ab, er betrachte die Bauleistung als im wesentlichen vertragsgemäß ausgeführt. Damit hat er die erforderliche Billigung ausgesprochen und die Abnahme vollzogen. Gleichwohl gibt es auch bei dieser Art der Abnahme verschiedene Abstufungen, die im folgenden näher zu untersuchen sind:

4.2.1 Ausdrückliche, formlose Abnahme

Grundform der Abnahme

In § 12 Nr. 1 regelt die VOB/B die Grundform der Abnahme. Nach Fertigstellung der Leistung verlangt der Auftragnehmer vom Auftraggeber, daß das Bauwerk abgenommen werden solle. Dieses Verlangen darf (fern-) mündlich oder schriftlich gestellt werden, es kann das Wort „Abnahme" enthalten oder auch gleichbedeutende Ausdrücke verwenden, z. B. „Übergabe", „Einweisung" u. ä. Jedenfalls muß zweifelsfrei aus der Formulierung hervorgehen, daß der Auftragnehmer die Abnahme durch den Auftraggeber wünscht.

4.2.1.1 Fertigstellung der Bauleistung

Fertigstellung im wesentlichen

Grundlegende Voraussetzung einer jeden Abnahme ist – das wurde bereits oben bei Nr. 2.1.1 ausgeführt – die Fertigstellung der Bauleistung „im wesentlichen", d. h. daß kleinere, für die Gebrauchsfähigkeit der Bausache unbedeutende Restarbeiten und Mängel diese nicht ausschließen. In der unter Nr. 4.1 gemachten Aufstellung ist dieses Erfordernis zwar nicht eigens genannt, es ist aber zu den dort genannten Voraussetzungen jeweils dazuzudenken und muß *in allen Fällen* der erklärten *und* der fiktiven Abnahme unbedingt gegeben sein. Besonders wichtig ist

Kapitel 2: Durchführung der Bauabnahme

dies bei der „stillschweigenden" und bei beiden Formen der „fiktiven" Abnahme, weil hier die Willenserklärung des Auftraggebers erst durch Auslegung ermittelt oder gar fingiert werden muß.

4.2.1.2 Abnahmeverlangen

Abnahmeverlangen

Außerdem muß bei der formlosen Abnahme ein entsprechendes Verlangen vom Auftragnehmer geäußert worden sein, damit die Frist, in der die Abnahme durchzuführen ist, anläuft (vgl. oben Nr. 2.2). Das Verlangen ist eine Willenserklärung, die mit Zugang beim Adressaten, d. h. beim Auftraggeber, wirksam wird (§ 130 BGB). Eine mündlich übermittelte Erklärung muß der Adressat „vernehmen", also hören, wogegen bei der schriftlichen Übermittlung die Erklärung in den sogenannten „Empfangsbereich" gelangt sein muß. Das bedeutet im einzelnen, daß sie der Postbote in den Briefkasten eingeworfen oder ein Bote sie übergeben haben muß. Da dies aber mit Sicherheit zu Streitigkeiten führen wird – der Erklärende hat im Falle eines Prozesses den Zugang zu beweisen –, empfiehlt es sich, alle wichtigen Willenserklärungen *per Einschreiben mit Rückschein* zu versenden. Dann muß nämlich der Empfänger den Eingang unter Angabe des Datums quittieren und der Absender erhält den unterschriebenen Rückschein. Bei Behörden wird regelmäßig durch die Eingangsstelle per Datumsstempel festgehalten, wann der Zeitpunkt des Zuganges war; auch die größeren Betriebe und Geschäfte üben diese Praxis, um einen Streit über solche formelle Fragen erst gar nicht aufkommen zu lassen.

wichtiger Hinweis

4.2.1.3 Die Durchführung der Abnahme

Ist die Abnahme, wie vorgeschrieben, verlangt worden, so hat der Auftraggeber sie binnen 12 Werktagen durchzuführen. Zum Begriff des „Werktages" und zur Berechnung der Frist darf, um Wiederholungen zu vermeiden, auf die Darlegungen unter Nr. 2.2.2 dieses Kapitels verwiesen werden.

Kapitel 2: Durchführung der Bauabnahme

Wie die Abnahme im einzelnen durchgeführt werden soll, läßt § 12 Nr. 1 VOB/B offen. Es bestehen keinerlei Form- oder Verfahrensvorschriften, im Gegensatz zur „förmlichen" Abnahme nach § 12 Nr. 4 VOB/B.

Durchführung der formlosen Abnahme

Lediglich aus dem Wesen der Abnahme ist herzuleiten, daß innerhalb der Frist von 12 Werktagen die ausdrückliche Erklärung abgegeben werden muß, die Leistung sei vertragsgerecht erbracht. Dies ist natürlich auch dann geschehen, wenn der Bauherr dem Auftragnehmer mitteilt, er sei mit ihm voll zufrieden, er habe seine Sache gut gemacht, er werde bald einziehen, alles sei in Ordnung, er möge seine Rechnung stellen usw.

Beispiele

persönliche Anwesenheit auf der Baustelle?

Damit beantwortet sich aber auch die teilweise umstrittene Frage, ob beide Parteien – oder wenigstens der Auftraggeber – die *Abnahme an der Baustelle*, vielleicht sogar erst nach genauer Prüfung auf Mängelfreiheit, vollziehen müssen. Diese Frage darf *für diese Art der Abnahme* eindeutig *verneint* werden. Allein entscheidend ist, daß der Auftraggeber die Vertragsgemäßheit in der Hauptsache anerkennt. Welche Motive ihn zu dieser Erklärung bewogen haben, ist unerheblich. Die Prüfung der Leistung stellt für ihn ein Recht, nicht aber eine Pflicht dar, die er unbedingt ausüben müßte.

Beispiel

Der Auftragnehmer teilt dem Auftraggeber telefonisch mit, der Bau sei nun fertig, er bitte um Abnahme. Jener erklärt, er habe sich ja täglich von der Ordnungsmäßigkeit überzeugt und halte einen abschließenden Termin an der Baustelle für unnötig. Sollte doch ein Mangel auftreten, gäbe es ja noch die Gewährleistung.

Damit ist bereits die Abnahme i. S. von § 12 Nr. 1 VOB/B zustande gekommen. Sie ist wirksam, wenn nicht vorher wenigstens von einem der Vertragspartner eine förmliche Abnahme verlangt worden war.

4.2.1.4 Vorbehalt wegen bekannter Mängel

Kenntnis der Mängel bei der Abnahme

Aus der Tatsache, daß eine Überprüfung der Leistung nicht zwingende Voraussetzung der Abnahme ist, folgt auch, daß dem Auftraggeber beim Vorhandensein von Mängeln grundsätzlich keine Rechte verlorengehen, wenn er von diesen Mängeln nichts gewußt und deshalb auch keinen Vorbehalt gem. § 640 Abs. 2 BGB gemacht hat.

Allerdings ist bei dieser Aussage einige Vorsicht am Platze: Der Auftragnehmer muß zwar im Falle eines Rechtsstreits beweisen, daß der Auftraggeber im Zeitpunkt der Abnahme die Fehler und Vertragswidrigkeiten der Leistung tatsächlich gekannt hat. Doch kann es zur Überzeugung des Gerichts schon genügen, wenn diese Mängel so schwerwiegend und offenkundig waren, daß der Auftraggeber und sein örtlicher Bauleiter sie gar nicht übersehen konnten. Dann ist der Nachweis der positiven Kenntnis geführt und der Auftraggeber mit seinem Recht auf Nachbesserung ausgeschlossen (§ 640 Abs. 2 BGB).

4.2.1.5 Kosten der Abnahme

Kosten der Abnahme

Die *Kosten der* erfolgreich durchgeführten *Abnahme* hat mangels Sonderregelung der Auftraggeber zu tragen, da es sich um die Erfüllung einer ihm obliegenden Vertragspflicht handelt. Andererseits kann er nicht damit belastet werden, wenn die vom Auftragnehmer verlangte Abnahme zu Recht abgelehnt werden mußte, weil dem Werk noch wesentliche Mängel anhafteten (§ 12 Nr. 3 VOB/B). Hier hat er umgekehrt gegen den Auftragnehmer sogar einen Anspruch auf Ersatz der ihm entstandenen Aufwendungen, weil jener eine erheblich mangelhafte Leistung zur Abnahme angeboten hat. Darin liegt nämlich ein Verstoß gegen vertragliche Nebenpflichten, der zu einem Schadensersatzanspruch aus dem Gesichtspunkt der „positiven Vertragsverletzung" führt, wenn dem Auftragnehmer vorgeworfen werden kann, daß er fahrlässig gehandelt habe.

4.2.1.6 Literatur und Rechtsprechung

Urteile

BGH vom 29.10.1970, VII ZR 14/69
Zur Bestimmung des Abnahmezeitpunkts beim Architektenwerk
BauR 1971, S.60; Schäfer-Finnern Z 3.01, Bl. 445

BGH vom 21.04.1977, VII ZR 108/76
Zur Frage, wann anzunehmen ist, daß Vertragsparteien durch schlüssiges Verhalten von einer vereinbarten förmlichen Abnahme Abstand genommen haben und es bei formloser Abnahme haben bewenden lassen.
Schäfer-Finnern Z. 2.501, Bl. 2; MDR 1977, S. 832;
BB 1977, S. 869; DB 1977, S. 1410

4.2.2 Förmliche Abnahme

Ein Sonderfall der erklärten Abnahme, stark von Formvorschriften geprägt, ist die förmliche Abnahme, die ausschließlich in § 12 Nr. 4 VOB/B geregelt ist. Das Werkvertragsrecht des BGB kennt keine derartige Einrichtung.

Auch die förmliche Abnahme setzt voraus, daß die Leistung im wesentlichen erbracht ist. Dazu kommen aber außerdem noch einige spezielle Erfordernisse:

4.2.2.1 Verlangen einer Vertragspartei

Nach Nr. 4 Satz 1 hat eine förmliche Abnahme stattzufinden, wenn eine Vertragspartei es verlangt. Diese Regelung erscheint auf den ersten Blick unproblematisch; sie hat aber in der Praxis eine Handhabung erfahren, die dem Wortlaut zuwiderläuft und dennoch allgemein als rechtens angesehen wird. Geht man vom Modellfall der Abnahme aus, so kann sie nur der Auftragnehmer verlangen und nur der Auftraggeber durchführen, vorausgesetzt die Leistung ist funktionell fertiggestellt. Legt man diese Erkenntnis dem § 12 Nr. 4 VOB/B zugrunde, dann kann sich das dort ausgesprochene „Verlangen" nur auf die formelle Durchführung beziehen, d. h. wenn der Auftragnehmer die Abnahme verlangt, kann nicht nur er, sondern auch der Auftraggeber fordern, daß dies in der Form des § 12 Nr. 4 geschehen soll. Wird bereits bei Vertragsschluß eine förmliche Abnahme vereinbart, so könnte dies nur als Bedingung verstanden werden: wenn der Auftragnehmer die Abnahme verlangt, so ist diese förmlich durchzuführen.

Auslegung von § 12 Nr. 4 VOB/B

Die Praxis und auch die Rechtsprechung haben jedoch zwischen diesen beiden „Verlangen" (nach Abnahme und nach Förmlichkeit) nicht unterschieden und vertreten die Auffassung, daß *jede Vertragspartei* eine förmliche Abnahme *fordern dürfe* und daß dies bereits bei Vertragsabschluß möglich sei. So heißt es z. B. in den Zusätzlichen Vertragsbedingungen der Finanzbauverwaltung, EVM (B) ZVB (1978):

19. Abnahme

Die Leistung ist in jedem Falle förmlich abzunehmen; der Auftragnehmer hat die Abnahme, ggf. auch Teilabnahme (§ 12 Nr. 2 VOB/B), rechtzeitig schriftlich zu beantragen.

Es ist zu bedenken, daß es sich hier um Allgemeine Geschäftsbedingungen *des Auftraggebers* handelt, die der Auftragnehmer anerkannt hat. Selbst wenn er dies nicht tut, ist damit zumindest einseitig bereits eine förmliche Abnahme gefordert. Das hat aber zur Folge, daß später, nach Abschluß der Baumaßnahme, eine fiktive oder auch stillschweigende Abnahme nicht mehr möglich ist, selbst wenn die Parteien die Durchführung der Abnahme vergessen haben und der Auftraggeber die Leistung längst in Benutzung genommen hat. Einen Ausweg aus diesem Dilemma findet die herrschende Meinung nur, indem sie den Parteien unterstellt, sie seien stillschweigend von dieser Forderung wieder abgerückt oder hätten sie zurückgezogen. Dann ist dieses Verlangen nämlich gar nicht mehr existent, die Abnahme kann auch wieder auf andere Weise stattfinden, z. B. nach § 12 Nr. 1 oder Nr. 5 VOB/B.

Beide Vertragspartner können eine förmliche Abnahme verlangen

Es ist hier nicht der Platz, diese Handhabung auf ihre Richtigkeit und ihre Übereinstimmung mit § 12 Nr. 4 VOB/B hin abzuwägen. Es muß lediglich festgestellt werden, daß in der *Praxis* das Verlangen nach förmlicher Abnahme *von jeder Vertragspartei* im Zeitraum *vom Vertragsschluß bis zur Durchführung* der Abnahme zulässigerweise *gestellt* werden darf. Dies hat zur Folge, daß nur noch auf diese Weise abgenommen werden kann, alle anderen Möglichkeiten sind ausgeschlossen.

wichtiger Hinweis

Abschließend wäre noch zu sagen, daß eine bestimmte Form für das Verlangen auf förmliche Abnahme nicht vorgeschrieben ist, dies kann auch mündlich erfolgen. Doch empfiehlt sich zum leichteren Nachweis die Schriftform.

4.2.2.2 Abnahmetermin

Die Parteien können für die Abnahme gemeinsam einen Termin vereinbaren oder es kann der Auftraggeber den Auftragnehmer unter Fristsetzung dazu einladen. Aus dieser Einladung muß eindeutig hervorgehen, *welche Leistung* abgenommen werden soll und *wann* man sich *wo* treffen will. Als „genügende" Frist i. S. von § 12 Nr. 4 Abs. 2 VOB/B kann jedenfalls der in Nr. 1 festgesetzte Zeitraum von 12 Werktagen angesehen werden.

Ladungsfrist

Anwesenheit beider Vertragspartner

Im übrigen läßt sich aus dieser Bestimmung entnehmen, daß die förmliche Abnahme normalerweise die *Anwesenheit beider Vertragspartner* an der Baustelle voraussetzt; insofern unterscheidet sie sich grundlegend von der ausdrücklichen Abnahme nach § 12 Nr. 1 VOB/B. Das sie auch ohne Beteiligung des Auftragnehmers stattfinden kann, ist als Ausnahmefall oder als Notlösung zu betrachten und außerdem von besonderen Voraussetzungen abhängig (Nr. 4 Abs. 2 Satz 1).

4.2.2.3 Hinzuziehung eines Sachverständigen

wichtiger Hinweis

Nr. 4 Abs. 1 Satz 2 räumt jeder Partei das Recht ein, auf ihre Kosten einen Sachverständigen zuzuziehen. Dies ist insbesondere dem Bauherrn eindringlich anzuraten, damit er in fachtechnischer Hinsicht die Leistung ordnungsgemäß beurteilen kann.

Zur Person des Sachverständigen wäre zu bemerken, daß dafür nicht nur gerichtlich bestellte und vereidigte Gutachter in Frage kommen, sondern auch andere sachkundige Fachleute. § 7 VOB/A sagt in diesem Zusammenhang:

„Ist die Mitwirkung von besonderen Sachverständigen zweckmäßig, um
a) .....
b) .....
c) die vertragsgemäße Ausführung der Leistung zu begutachten, so sollen die Sachverständigen in der Regel von den Berufsvertretungen vorgeschlagen werden; diese Sachverständigen dürfen weder unmittelbar noch mittelbar an der betreffenden Vergabe beteiligt sein."

Kosten

Wenn von einer Partei zu diesem Zweck ein Gutachter zugezogen wurde, trägt sie die Kosten dafür, weil sie ihn beauftragt hat. Davon ist jedoch das Beweissicherungsverfahren nach §§ 485 ff ZPO und das Prüfungsverfahren nach § 18 Nr. 3 VOB/B zu unterscheiden, wo ebenfalls in der Regel Sachverständige auftreten. Bei ersterem wird im Beschluß oder im später ergehenden Endurteil geregelt, wer die Kosten für den Gutachter zu übernehmen hat, bei letzterem bestimmt sich dies danach, wessen Meinung bestätigt wird. Beide Fälle haben aber mit der förmlichen Abnahme nichts zu tun.

4.2.2.4 Protokollierung

Der Befund, d. h. der Zustand, den die Parteien angetroffen haben, ist in gemeinsamer Verhandlung schriftlich niederzulegen. Auch daraus kann ersehen werden, daß die gleichzeitige Anwesenheit von Auftraggeber und Auftragnehmer vorausgesetzt wird, denn anders ist eine gemeinsame Verhandlung nicht denkbar.

Inhalt des Protokolls

Ferner muß das Protokoll enthalten:
- die Vorbehalte des Auftraggebers wegen bekannter Mängel (§ 640 Abs. 2 BGB),
- den Vorbehalt des Auftraggebers, die angefallene Vertragsstrafe wird auch wirklich geltend gemacht (§ 11 Nr. 4 VOB/B),
- die vom Auftragnehmer erhobenen Einwendungen, insbesondere gegen die vom Auftraggeber behaupteten Mängel,
- die Stellungnahmen der beigezogenen Sachverständigen.

Die Vorbehalte des Auftraggebers wegen bekannter Mängel und wegen der Konventionalstrafe müssen unbedingt in das Abnahmeprotokoll aufgenommen werden, andernfalls sind sie unwirksam und es können daraus keine Rechte mehr hergeleitet werden. Dagegen sind die Einwendungen des Auftragnehmers und die Aussagen der Gutachter kein notwendiger Bestandteil der Niederschrift, sie dürfen auch noch nachher vorgebracht werden.

Unterschrift beider Parteien

Seltsamerweise ist in § 12 Nr. 4 VOB/B nicht gesagt, daß die Parteien das Protokoll unterschreiben müssen. Doch geht die allgemeine Ansicht und die Rechtsprechung dahin, daß auch die Unterschrift Teil der Abnahme und deshalb zu leisten sei. Die Unterzeichnung bestätigt jedoch nur, was die Parteien festgestellt und geäußert haben, sie bedeutet nicht, daß dies auch anerkannt werde.

Rechtliche Bedeutung

Schließlich hat laut Vertrag jede Partei Anspruch auf eine Ausfertigung dieser Niederschrift. Dies ergibt sich aus der Gleichberechtigung der Vertragspartner und aus ihrer identischen Interessenlage. Denn das Protokoll ist eine Urkunde im Rechtssinn und stellt im Falle eines Prozesses ein wertvolles Beweismittel dar.

4.2.2.5 Prüfungspflicht des Auftraggebers

Der in § 12 Nr. 4 VOB/B exakt festgelegte Verfahrensablauf macht es nötig, noch einmal die im 1. Kapitel unter Nr. 2.4.2.5 gemachten Ausführungen zum Prüfungsrecht des Auftraggebers vor Erklärung der Abnahme zu überdenken. Dort war nämlich dargelegt worden, daß die Abnahme grundsätzlich auch ohne vorherige Untersuchung des Leistungsgegenstandes vollzogen werden könne. Eine unterlassene Prüfung mache sie nicht unwirksam.

Diese Aussage läßt sich jedoch für den Bereich der förmlichen Abnahme nicht aufrecht erhalten. Denn dort ist vorgeschrieben, daß beide Parteien anwesend sein müssen, Sachverständige zugezogen werden dürfen und ein Befund schriftlich niederzulegen sei. Dies alles kann nur den einen Sinn haben, nämlich eine Prüfung an Ort und Stelle bezüglich der Vertragsmäßigkeit durchzuführen. Denn ein Befund, also die Darstellung eines tatsächlich vorgefundenen Zustandes, insbesondere der vorgefundenen Mängel und Fehler, kann nur das Ergebnis einer solchen Prüfung sein.

Prüfungspflicht des Auftraggebers

Es drängt sich hier der Vergleich zu § 4 Nr. 3 VOB/B auf: Danach hat der Auftragnehmer dem Auftraggeber schriftliche Mitteilung zu machen, wenn er Bedenken gegen die vorgesehene Art der Ausführung (auch wegen der Sicherung gegen Unfallgefahren), gegen die Güte der vom Auftraggeber gelieferten Stoffe oder Bauteile oder gegen die Leistungen anderer Unternehmer hat. Daraus wird einhellig gefolgert, daß für den Auftragnehmer eine *Prüfungs- und Mitteilungspflicht* besteht, obwohl erstere gar nicht im Text erwähnt ist. Begründet wird dies damit, daß die geforderte Mitteilung nur das Ergebnis einer vorherigen Untersuchung sein kann, so daß auch hierzu eine Verpflichtung besteht. Eine andere Frage ist es, ob der Auftragnehmer dieser Pflicht nachkommt oder ob er die Nachteile aus einer Nichterfüllung in Kauf nimmt.

Auch bei nachlässiger oder unterlassener Prüfung in der förmlichen Abnahme muß der Auftraggeber mit schwerwiegenden Konsequenzen rechnen. Dies mag folgendes *Beispiel* verdeutlichen:

Beispiel

Die Parteien haben sich an der Baustelle zur förmlichen Abnahme getroffen und gehen durch das schlüsselfertig erstellte Haus. Der Auftraggeber, in großer Eile wegen anderer Termine, meint, „die gemeinsame Besichtigung des Dachgeschosses könne man sich wohl ersparen". Dann unterzeichnet er die Niederschrift. Am nächsten Tag stellt er fest, daß im nicht besichtigten Teil eine andere Badezimmerausstattung verwendet wurde, verschiedene elektrische Anschlüsse nicht plangemäß sitzen und die Holztüren mindere Qualität gegenüber der Ausschreibung haben. Auf seine Reklamation hin sagt der Auftragnehmer, die behaupteten Mängel seien schon bei der Abnahme vorhanden und für jedermann offen erkennbar gewesen; trotzdem sei die Leistung abgenommen worden. Er verweigere deshalb eine Nachbesserung.

Folgen der unterlassenen Prüfung

Der Auftraggeber hat die Leistung in der vorgeschriebenen Form und damit rechtswirksam abgenommen. Bei sorgfältiger Untersuchung hätte er die offenbaren Mängel bemerkt und sich die Rechte hieraus vorbehalten (§ 640 Abs. 2 BGB). Wegen seines Verhaltens wird er so gestellt, als habe er seine diesbezügliche Prüfungsverpflichtung erfüllt, d. h. er wird so behandelt, als habe er die Mängel tatsächlich im Zeitpunkt der Abnahme gekannt. Mangels Vorbehalts stehen ihm deshalb die Ansprüche auf Nachbesserung, Wandelung oder Minderung (§§ 633, 634 BGB) nicht mehr zu. Er kann lediglich über § 635 BGB Schadensersatz verlangen, muß dazu aber beweisen, daß der Auftragnehmer zumindest fahrlässig die Mängel herbeigeführt hat. Beim VOB-Vertrag entfällt in dem oben geschilderten Fall der Anspruch auf Nachbesserung oder Minderung (§ 13 Nr. 5, 6 VOB/B), eine Wandelung, d. h. Rückgewähr der beiderseitigen Leistungen, kennt die VOB nicht.

4.2.2.6 Förmliche Abnahme in Abwesenheit des Auftragnehmers

Als Ausnahme von der für beide Parteien bestehenden Anwesenheitspflicht bestimmt § 12 Nr. 4 Abs. 2 VOB/B, daß die förmliche Abnahme in Abwesenheit des Auftragnehmers stattfinden kann, wenn der Termin vereinbart war oder der Auftraggeber mit genügender Frist dazu eingeladen hatte.

Daraus können zwei Folgerungen gezogen werden:

(1) Nur der Auftraggeber ist zur Abnahme berufen. Ohne ihn geht es nicht, es sei denn, daß er sich durch seinen ausdrücklich bevollmächtigten Architekten bzw. durch seinen örtlichen Bauleiter vertreten läßt.

(2) Kommt der Auftraggeber nicht, trotz Terminvereinbarung oder rechtzeitiger Ladung, so ist die Abnahme undurchführbar. Der Auftragnehmer kann ihn allenfalls durch Mahnung in Verzug setzen und dadurch die Wirkungen der Abnahme herbeiführen (vgl. oben Nr. 3.3.2). Keinesfalls darf er an seiner Stelle die Abnahme vollziehen, ebensowenig ist eine fiktive Abnahme nach § 12 Nr. 5 VOB/B möglich.

Verlegung des Abnahmetermins

Zu den alternativen Voraussetzungen „Terminvereinbarung" oder „rechtzeitige Einladung" darf auf die Darlegung unter Nr. 4.2.2.2 verwiesen werden. Natürlich hat der Auftragnehmer auch die Möglichkeit, eine zeitliche Verlegung der Abnahme zu verlangen, wenn wichtige sachliche oder persönliche Gründe sein Erscheinen unmöglich machen. Das muß aber nachprüfbar sein und notfalls bewiesen werden. Außerdem muß dies dem Auftraggeber alsbald mitgeteilt werden.

Beispiele für Entschuldigungsgründe:

Krankheit (Krankenhausaufenthalt), Verkehrsunfall auf dem Weg zur Abnahme, Verkehrshindernisse;

nicht entschuldbar sind:
Urlaubsreise, Arbeitsüberlastung, Vergeßlichkeit.

keine Niederschrift nötig

Bei dieser Abnahme braucht der Auftraggeber *keine Niederschrift* zu fertigen. Es genügt nach dem Wortlaut der VOB, wenn er dem Auftragnehmer das Ergebnis der Abnahme alsbald mitteilt. Über die Form der Mitteilung ist nichts gesagt, so daß diese auch (fern-)mündlich erfolgen kann. Dabei müssen aber etwaige Vorbehalte wegen Vertragsstrafen oder wegen festgestellter Mängel unbedingt schriftlich oder mündlich mit geltend gemacht werden, um Rechtsverluste zu vermeiden. Im übrigen ist anzumerken, daß es sich auch bei diesem Ausnahmefall um eine förmliche Abnahme handelt, so daß alle in Nr. 4 Abs. 1 genannten Voraussetzungen zu beachten sind, wenn sich nicht in Abs. 2 eine Sonderregelung befindet, wie z. B. für die Protokollierung.

Mitteilung des Abnahmeergebnisses

Die Abnahme ohne Beteiligung des Auftragnehmers ist erst dann vollzogen, wenn ihm das Ergebnis alsbald mitgeteilt wird. Vergißt der Auftraggeber die Mitteilung, so hat die Abnahme nicht stattgefunden, auch wenn Zustimmung zu der Leistung bekundet worden ist. Denn diese Willenserklärung muß dem Auftragnehmer auch alsbald zugegangen sein, um wirksam zu werden, und dies geschieht erst durch die Mitteilung des Abnahmeergebnisses. Die Zeitspanne „alsbald", die für die Mitteilung vorgeschrieben ist, wird zwar nirgendwo näher bestimmt, doch nimmt man allgemein an, daß die in § 12 Nr. 1 VOB/B genannte Frist von 12 Werktagen auch hier entsprechend gilt.

4.2.2.7 Literatur und Rechtsprechung

Aufsätze

Heidland:	Rechtliche Probleme bei der förmlichen Abnahme gem. § 12 Nr. 4 VOB/B; BauR 1971, S. 18
Hochstein:	Die vergessene förmliche Abnahmevereinbarung und ihre Rechtsfolgen im Bauprozeß; BauR 1975, S. 221
Brügmann:	Die ursprünglich vereinbarte und später nicht durchgeführte förmliche Abnahme nach VOB; BauR 1979, S. 227
Dähne:	Die „vergessene" förmliche Abnahme nach § 12 Nr. 4 VOB/B; BauR 1980, S. 223

Urteile

BGH vom 27.01.1966, VII ZR 278/63
Die förmliche Abnahme kann durch schlüssiges Verhalten (Einreichung und Bezahlung der Schlußrechnung) abbedungen werden.
Schäfer-Finnern Z 2.414, Bl. 153

BGH vom 24.11.1969, VII 2 R 177/67
Die Abnahme braucht nicht mit einer Prüfung verbunden zu sein, denn sie erfordert keine Prüfung des Werkes auf Mängel und auch keine sofortige Prüfungsmöglichkeit.
BauR 1970, S. 48; NJW 1970, S. 421; VersR 1970, S. 180; MDR 1970, S. 317·

BGH vom 29.11.1973, VII ZR 205/71
Die Unterschriftsleistung ist jedenfalls dann Teil der (förmlichen) Abnahme, wenn Baustellenbesichtigung und Fertigung der Niederschrift in engem zeitlichen Zusammenhang stehen (amtlicher Leitsatz, Auszug)
BauR 1974, S. 206; WM 1974, S. 105; Schäfer-Finnern Z 2.502, Bl. 1

BGH vom 21.04.1977, VII ZR 108/76
Zur Frage, wann anzunehmen ist, daß die Vertragsparteien durch schlüssiges Verhalten von einer förmlichen Abnahme Abstand genommen haben und es bei formloser Abnahme haben bewenden lassen.
BauR 1977, S. 344; Schäfer-Finnern Z 2.501, Bl. 2

4.2.3 Stillschweigende oder konkludente Annahme

Definition:
Abgrenzung
zur fiktiven
Abnahme

Ein weiterer Fall der erklärten Annahme ist die weder im Gesetz noch in der VOB geregelte stillschweigende Abnahme, die oft mit der fiktiven Abnahme verwechselt wird. Sie unterscheidet sich aber von jener dadurch, daß dem Verhalten des Auftraggebers die eindeutige Erklärung entnommen werden kann, er billige die Leistung als Vertragserfüllung. Es muß bei ihm also ein Wille zur Abnahme feststellbar sein, während bei der fiktiven Abnahme dieser gerade fehlt.

Wenn auch die Grenzen mitunter fließend sind, muß sich doch zumindest im Wege der Auslegung ergeben, daß eine solche Willensbekundung erfolgt ist. Andernfalls kann man nur noch über § 12 Nr.5 VOB/B zu einer Abnahme kommen, doch müssen hierfür eng umschriebene Voraussetzungen gegeben sein.

4.2.3.1 Voraussetzungen der stillschweigenden Abnahme

Fertigstellung
der Leistung

Auch die stillschweigende Abnahme kann nur stattfinden, wenn die Bauleistung „funktionell" fertiggestellt ist. Dieses Erfordernis gilt, wie bereits ausgeführt, für jede Art der Abnahme.

Ob dagegen der Auftragnehmer die Abnahme verlangt hat, ist unerheblich. Es ist hier durchaus denkbar - und es wird sicherlich auch oft der Fall sein - daß der Auftraggeber sogar ohne ausdrückliches Verlangen seiner Vertragspartner zu erkennen gibt, er nehme das Werk als vertraglich geschuldete Leistung an. Damit hat er aber bereits die Abnahme durchgeführt.

4.2.3.2 Durchführung der stillschweigenden Abnahme

Charakteristisches Kennzeichen der stillschweigenden Abnahme ist, daß der Auftraggeber nicht ausdrücklich (d.h. wörtlich oder sinngemäß) erklärt, er nehme die Leistung ab, sondern daß er durch sein ganzes Verhalten erkennbar für den Auftragnehmer bekundet, die Werkleistung finde seine Billigung. Deshalb spricht man auch von einer konkludenten, d.h. schlüssigen, Abnahme. Um die Praktikabilität dieser Form der Abnahme zu gewährleisten, bestehen dafür selbstverständlich keinerlei •Formvorschriften.

Die Rechtsprechung hat folgende Verhaltensweisen als konkludente Billigung angesehen:

Beispiele

- vorbehaltlose Zahlung der gesamten Vergütung oder ganz erheblicher Teile, vor allem bei gleichzeitiger Nutzung;
- aus freien Stücken bewilligte Sicherungshypothek wegen der Restvergütung;
- Rückgabe von Sicherheitseinbehalten und von anderen Sicherungsmitteln, z.B. Bürgschaftsurkunden;
- Geltendmachung von Gewährleistungsansprüchen.

Diesen Erfordernissen genügen dagegen nicht:

- Bloßer Probelauf einer neu- oder umgebauten Heizungsanlage;
- Abschließende Rechnungsprüfung durch den Architekten, auch nicht, wenn dies mit der Anweisung an den Bauherrn verbunden wird, die Restvergütung zu zahlen.

4.2.3.3 Keine stillschweigende Abnahme durch Benutzung der Leistung

Eine besondere Bewertung muß jedoch der Fall erfahren, daß der Auftraggeber das Bauwerk in Benutzung nimmt. Denn dieser

Sonderfall: Benutzung der Bauleistung

Vorgang *allein* ist nach allgemeiner Auffassung *noch nicht geeignet*, eine stillschweigende Abnahme herbeizuführen. Die Begründung hierfür ist in § 12 Nr.5 Abs.2 VOB/B zu sehen, wonach eine Benutzung durch den Auftraggeber die Voraussetzung für die fiktive Abnahme darstellt (sog. Gilt-Abnahme). Käme man zu dem Ergebnis, diese Benutzung, also etwa der Einzug, stelle bereits die konkludent vollzogene Abnahme dar, dann wäre die o.g. Vorschrift völlig überflüssig. Sie käme nämlich niemals zur Anwendung, weil demgemäß erst nach 6 Werktagen die Abnahmewirkung eintritt, so aber dies schon zugleich mit dem Einzug geschehen würde. Es ist daher durchaus gerechtfertigt anzunehmen, daß die Verfasser der VOB durch § 12 Nr.5 Abs. 2 auch zum Ausdruck bringen wollten, die Benutzung könne für sich allein keine Willenserklärung über die Abnahme der Leistung darstellen. Nur ein länger als 6 Werktage dauernder Gebrauch sei geeignet, wenigstens eine Fiktion der Abnahme zu begründen.

Trotzdem muß hier zugunsten des Auftragnehmers eine Ausnahme zugelassen werden die am besten durch folgendes *Beispiel* aufgezeigt wird:

Beispiel

Der Auftragnehmer hat seine Arbeiten beendet und den Auftraggeber schriftlich aufgefordert, die Abnahme durchzuführen. Dieser äußert sich nicht zu diesem Verlangen, bezieht jedoch das Gebäude und nimmt es dadurch in Benutzung. Als der Auftragnehmer ihm nach 2 Wochen die Schlußrechnung schickt, weigert er sich zu bezahlen mit der Bemerkung, es sei ja noch gar nicht abgenommen. Hat er damit recht?

Lösung

Es ist zwar richtig, daß eine fiktive Abnahme nicht mehr möglich ist, weil bereits ausdrücklich eine Abnahme verlangt wurde. Das in § 12 Nr.5 Abs.1 VOB/B genannte Erfordernis „Wird keine Abnahme verlangt, ..." gilt unbestritten auch für Abs.2. Andererseits hat aber der Auftraggeber in Kenntnis der Fertigstellung und des Abnahmeverlangens die Leistung ohne Vorbehalt in Benutzung genommen und infolgedessen hinreichend kenntlich gemacht, daß er sie als Erfüllung entgegennehme. Damit hat er die Abnahme ausdrücklich vollzogen.

Es wäre unbillig, wollte man den Auftragnehmer gewissermaßen in der Luft hängen lassen, nur weil er das Verlangen nach Abnahme gestellt hat; denn hätte er es nicht getan, dann wäre wenigstens die Abnahmewirkung per Fiktion eingetreten. Also muß hier eine stillschweigende Abnahme anerkannt werden, der Auftragnehmer ist berechtigt, die Schlußrechnung zu stellen, und der Auftraggeber ist verpflichtet, Schlußzahlung zu leisten.

4.2.3.4 Literatur und Rechtsprechung

Urteile

BGH vom 13.12.1962, VII ZR 193/61
Leistet der Bauherr gem. dem Bauvertrag „nach endgültiger Abnahme geschlossener Bauzeilen und Bauabschnitte" Zwischenzahlungen von 95%, kann daraus die Abnahme der Bauten gefolgert werden. Auch die 2 Jahre später erfolgte Auszahlung der 5%igen Sicherheitsleistung (§ 14 VOB/B) ist als weiteres Verhalten des Bauherrn zu werten, die Abnahme als geschehen zu unterstellen (§ 242 BGB).
Schäfer-Finnern Z 2.50, Bl. 9; NJW 1963, S. 806

BGH vom 24.11.1969, VII ZR 177/67
Eine Abnahme der Bauleistung durch schlüssiges Handeln kann auch darin gesehen werden, daß der Auftraggeber vorbehaltlos die restliche Werklohnforderung des Auftragnehmers bezahlt.
BauR 1970, S. 48, NJW 1970, S. 421; VersR 1970, S. 180; DB 1970, S. 250; Schäfer-Finnern Z 2.414, Bl. 231

BGH vom 28.01.1971, VII ZR 173/69
Nimmt der Auftraggeber die Bauleistung in Benutzung und bezahlt er dem Auftragnehmer die Arbeitsleistung, dann ist anzunehmen, daß er das Werk in der Hauptsache gebilligt und im Sinne von § 640 Abs.1 BGB abgenommen hat.
BauR 1971, S. 128 (129); Schäfer-Finnern Z 4.01, Bl. 65

BGH vom 15.11.1973, VII ZR 110/71
Die Billigung der vom Statiker erbrachten Leistungen als vertragsgemäße Erfüllung muß für den Statiker erkennbar zum Ausdruck gebracht werden; beim Auftraggeber intern gebliebene Vorgänge genügen nicht.
BauR 1974, S. 67; NJW 1974, S. 95; BB 1974, S. 159; MDR 1974, S. 220

BGH vom 26.10.1978, VII ZR 249/77
Durch die abschließende Zahlung bringt der Besteller dem Auftragnehmer gegenüber schlüssig zum Ausdruck, das Werk - jedenfalls in der Hauptsache - als vertragsgemäß hergestellt zu billigen.
BGH Z 72, S. 257 (261); BauR 1979, S. 76 (77); NJW 1979, S. 214 (215); BB 1979, S. 650; ZfBR 1979, S. 29

4.3 Fiktive Abnahme (Gilt-Abnahme)

4.3.1 Wesen und Bedeutung

Die fiktive oder fingierte Abnahme ist nicht im Werkvertrags-Recht des BGB vorgesehen, sondern ausschließlich in der VOB/B geregelt. Sie wird häufig auch als „stillschweigende Abnahme" bezeichnet. Dies ist aber nach den vorher gemachten Erörterungen falsch. Denn Kennzeichen der fiktiven Abnahme ist, daß der Auftraggeber dabei gar nicht den Willen hat abzunehmen, daß sich dieser Vorgang vielmehr ohne Rücksicht auf seinen (nicht geäußerten) Willen vollzieht. Meistens wird sich der Auftraggeber sogar überhaupt keine diesbezüglichen Vorstellungen gemacht haben - er hat also buchstäblich *nichts* gewollt. Trotzdem gilt die Leistung als abgenommen, wenn die in §12 Nr.5 VOB/B genannten Voraussetzungen gegeben sind. Gerade das Wort „gilt" besagt ja, daß die entsprechende Rechtsbehandlung nicht stattgefunden hat, ihre Vornahme aber als geschehen betrachtet wird.

§12 Nr.5 VOB/B und AGBG

Diese Tatsache läßt §12 Nr.5 VOB/B mit §10 Nr.5 des Gesetzes zur Regelung des Rechts der Allgemeinen Geschäftsbedingungen (AGB-Gesetz) in Konflikt geraten. Nach dieser Vorschrift sind nämlich solche Allgemeine Geschäftsbedingungen unwirksam, wonach eine Erklärung des Vertragspartners des Verwenders bei Vornahme und Unterlassung einer bestimmten Handlung als von ihm abgegeben oder nicht abgegeben *gilt*, es sei denn, daß dem Vertragspartner eine angemessene Frist zur Abgabe einer ausdrücklichen Erklärung eingeräumt ist *und* der Verwender sich verpflichtet, den Vertragspartner bei Beginn der Frist auf die vorgesehene Bedeutung seines Verhaltens besonders hinzuweisen.

Das AGB-Gesetz löst aber in §25 Abs.2 Nr.5 dieses Problem dadurch, daß §10 Nr.5 auf Leistungen, für die die VOB/B Vertragsgrundlage ist, keine Anwendung findet. Also ist §12 Nr.5 VOB/B als gültige Regelung zu betrachten, jedoch nur wenn die VOB/B *als ganzes* zum Inhalt des Bauauftrages gemacht worden ist.

4.3.2 Allgemeine Voraussetzungen

Ausschluß der fiktiven Abnahme

Allgemeine Voraussetzung jeder fiktiven Abnahme ist, genau wie bei der erklärten Abnahme, daß die Leistung im wesentlichen (oder „funktionell") fertiggestellt ist. Deshalb scheidet sie aus, wenn der Auftrag vorzeitig nach §6 Nr.7, §8 oder §9 VOB/B gekündigt worden ist. Dann ist nur die in §8 Nr.6 VOB/B genannte „Abnahme auf Verlangen" möglich, eine fiktive Abnahme ist hier nicht vorgesehen. Außerdem ist ja die Leistung auch noch nicht fertiggestellt.

Weiterhin ist erforderlich, daß hinsichtlich einer erklärten Abnahme noch keinerlei Schritte unternommen worden sind. So darf weder eine Abnahmeverweigerung seitens des Auftraggebers noch ein Abnahmeverlangen des Auftragnehmers (oder gem. § 12 Nr. 4 VOB/B: des Auftraggebers) vorliegen. Beides schließt die Möglichkeit einer fiktiven Abnahme aus.

Beispiele

1. Der Auftraggeber erklärt dem Auftragnehmer, der ihm die Fertigstellung der Baumaßnahme angezeigt hat, das nehme er so nicht ab (oder: dies laufe seinen Vorstellungen zuwider, sei ein Skandal u.s.w.).

Damit ist eine Abnahmeverweigerung deutlich zum Ausdruck gekommen; diese ist nicht davon abhängig, daß der Auftragnehmer vorher eine Abnahme beantragt hat. Also ist eine fiktive Abnahme ausgeschlossen.

2. Der Auftragnehmer zeigt die Fertigstellung der Baumaßnahme an und verlangt Abnahme (binnen 12 Werktagen).

Dadurch ist keine fiktive Abnahme mehr möglich.

3. Im Bauauftrag wurde vereinbart: Die Leistung ist auf jeden Fall förmlich abzunehmen.

Auch dies bewirkt den Ausschluß der fiktiven Abnahme, doch ist die unter Nr. 4.3.3 erörterte Ausnahme zu beachten.

Wichtiger Hinweis

In diesem Zusammenhang ist noch auf eine Besonderheit ausdrücklich hinzuweisen: § 12 Nr. 5 Abs. 1 VOB/B beginnt mit dem Nebensatz: „Wird keine Abnahme verlangt, so .....".

Obgleich dieses Erfordernis in Abs. 2 nicht wiederholt wird, herrscht völlige Einigkeit darüber, daß es auch für diese Fallgestaltung gilt. Deshalb ist das Fehlen des Abnahmeverlangens keine spezielle, sondern eine allgemeine Voraussetzung für die fiktive Abnahme.

4.3.3 „Vergessene, förmliche Abnahme"

Sonderfall: Die „vergessene" förmliche Abnahme

Ausnahmsweise ist eine Abnahme analog der in § 12 Nr. 5 aufgestellten Fiktion möglich, auch wenn im Vertrag eine förmliche Abnahme vorgesehen war, die Parteien darauf nach Fertigstellung aber nicht zurückgekommen sind. Man spricht hier von der „vergessenen förmlichen Abnahme". Mit diesem Problem hat sich sogar die Rechtsprechung schon befassen müssen.

Verhält es sich wie in dem o.a. *Beispiel Nr. 3* und hat der Auftraggeber ohne die vorgeschriebene förmliche Abnahme die Leistung in Benutzung genommen (oder der Auftragnehmer seinem Auftraggeber die Fertigstellung schriftlich mitgeteilt), dann soll trotzdem die Abnahmewirkung kraft Fiktion eintreten, jedoch nicht schon nach Ablauf der in § 12 Nr. 5 Abs. 1 und 2 VOB/B genannten Fristen. Vielmehr ist *noch eine weitere angemessene Frist anzuhängen*, deren Dauer aber unbestimmt ist; im übrigen wäre aus den sonstigen Umständen, insbesondere dem Verhalten des Auftraggebers, zu beurteilen, ob nach Treu und Glauben nun von einer vollzogenen Abnahme ausgegangen werden kann oder nicht. Das besagt, daß sich der Auftraggeber von einem gewissen Zeitpunkt ab, der sich aber nicht generell bestimmen läßt, nicht mehr darauf berufen kann, es habe keine Abnahme stattgefunden.

Kritik an der h.M.

Diese rechtlich unklare und höchst unbefriedigende Situation ist eine Folge der Praxis, die § 12 Nr. 4 VOB/B ungenau interpretiert. Würde man, wie es nach der hier vertretenen Auffassung der Wortlaut gebietet, ein „Verlangen nach förmlicher Abnahme" *erst nach der Fertigstellung* zulassen (und nicht schon vorher, z.B. bei Vertragsabschluß), dann wäre hier § 12 Nr. 5 VOB/B ohne weiteres uneingeschränkt anwendbar. Denn das Abnahmeverlangen, das schon vor der Fertigstellung geäußert worden ist, wäre wirkungslos, wenn es nicht nochmals nachher vom Auftragnehmer wiederholt wird. Damit wären die allgemeinen Voraussetzungen für eine Abnahmefiktion gegeben.

Nachdem aber die Praxis davon ausgeht, die förmliche Abnahme könne auch schon vor Fertigstellung der Leistung verlangt werden, müssen die o.g. rechtlichen Unklarheiten in Kauf genommen werden.

4.3.4 Besondere Voraussetzungen

Voraussetzungen der fiktiven Abnahme

Die besonderen Voraussetzungen der fiktiven Abnahme: Die VOB/B kennt zwei Fallgestaltungen, die in § 12 Nr. 5 Abs. 1 und 2 geregelt sind. Beide Male fehlt zwar dem Auftraggeber der Wille, eine Abnahme zu vollziehen. Doch muß einschränkend gesagt werden, daß er in Abs. 2 wenigstens selbst die Veranlassung herbeigeführt haben muß, an die die Abnahmefiktion anknüpft, während dagegen in Abs. 1 allein der Auftragnehmer diesen Tatbestand verwirklicht, der Auftraggeber aber völlig unbeteiligt ist.

4.3.4.1 „Fertigstellungs-Abnahme"

Definition

Nach *§ 12 Nr. 5 Abs. 1 VOB/B* gilt die Bauleistung als abgenommen mit Ablauf von 12 Werktagen nach schriftlicher Mitteilung über die Fertigstellung. Vorausgesetzt wird jedoch, daß vorab auch die in Nr. 4.3.2 genannten allgemeinen Merkmale vorliegen.

Wichtiger Hinweis

Die schriftliche Mitteilung hat der Auftragnehmer an den Auftraggeber zu richten, bzw. an dessen für die Abnahme bevollmächtigten Vertreter. Sie wird erst wirksam, wenn sie diesem i.S. von § 130 BGB zugegangen ist. Sie sollte also in jedem Falle beweissicher, z.B. per Einschreiben mit Rückschein oder durch Boten gegen Empfangsquittung, vorgenommen werden. Bekommt ein anderer als der Bauherr selbst diese Anzeige, so ist anhand der oben unter Nr. 1 (Wer muß abnehmen?) entwickelten Grundsätze zu prüfen, ob er zur Abnahme bevollmächtigt ist. Denn nur wer dazu berechtigt ist, kann auch Adressat dieser Mitteilung sein. Dies wird besonders aktuell, wenn der Auftraggeber eine juristische Person ist, die ja nur durch ihre Organe vertreten werden kann.

Beispiele

1. Der Auftragnehmer schickt die Fertigstellungsanzeige an die Firma Maier GmbH, z. Hd. Herrn Müller:

   Dies äußert nur dann Rechtswirkungen, wenn Herr Müller auch Geschäftsführer oder sonst zur Abnahme ausdrücklich bevollmächtigt ist.

2. Der Auftragnehmer adressiert die Mitteilung an die Firma Maier GmbH – Hauptniederlassung:

   Dadurch wird die Wirksamkeit der Willenserklärung bei Zugang herbeigeführt, denn der Auftragnehmer darf davon ausgehen, daß das Schreiben an den zuständigen Vertreter gelangt.

3. Wie Fall 2, jedoch lautet die Adresse: „Zweigniederlassung". Die Mitteilung setzt die Frist in Gang, wenn der dortige Niederlassungsleiter oder sonst jemand zur Abnahme bevollmächtigt ist.

Für den Zugang der Fertigstellungsanzeige ist § 130 BGB maßgebend; die Fristberechnung bezüglich der 12 Werktage richtet sich nach den § 187 ff. BGB. Insoweit darf wieder auf die Darlegung unter Nr. 2.2.2.2 dieses Kapitels verwiesen werden.

Schriftform

An Formalitäten ist lediglich verlangt, daß die Mitteilung *schriftlich* erfolgt. Diese Schriftform hat aber „konstitutiven Charakter", d. h., daß sie *zwingende Voraussetzung* für die Wirksamkeit der Willenserklärung des Auftragnehmers ist. Insofern ist dies mit der Kündigung vergleichbar, die ebenfalls nur wirksam ist, wenn sie schriftlich ausgesprochen wird (§ 8 Nr. 5, § 9 Nr. 2 Satz 1 VOB/B). Umgekehrt kennt die VOB/B Fälle, wo zwar Schriftlichkeit verlangt wird, trotzdem aber die geforderte Erklärung auch mündlich vorgebracht werden kann, um die entsprechenden Rechtswirkungen zu erzeugen: § 4 Nr. 3, § 6 Nr. 1 (nicht aber Nr. 7!) VOB/B.

Inhalt der schriftlichen Anzeige

Dagegen ist der Auftragnehmer nicht gehalten, in seiner schriftlichen Anzeige ausdrücklich zu erklären, die Leistung sei nun fertiggestellt. Zwar würde dies die wenigsten Zweifel hinterlassen, doch hat die Rechtsprechung aus Billigkeitserwägungen auch andere, weniger deutliche Mitteilungen als Voraussetzung für eine fiktive Abnahme gelten lassen. So genügt z. B. die Zusendung der als solche deutlich gekennzeichneten Schlußrechnung oder die schriftliche Erklärung, die Baustelle sei geräumt. Auch eine Rechnung über „ausgeführte Leistungen" oder eine schriftliche Aufforderung, das Gebäude in der vorgesehenen Art zu nutzen, dürften diesem Erfordernis entsprechen.

Häufigster Fall ist jedoch die schon erwähnte Zusendung der Schlußrechnung. Hier ist für den Bauherrn höchste Alarmstufe gegeben, wenn er eine ausdrückliche Abnahme wünscht. Er muß dann umgehend dem Auftragnehmer (schriftlich oder mündlich) mitteilen, er wünsche unter allen Umständen, daß eine (förmliche) Abnahme durchgeführt werden solle. Dabei kann er sich auch darauf beschränken ihm zu erwidern, die Rechnung könne nicht geprüft werden, weil noch nicht abgenommen sei. Aufgrund dieser Mitteilung ist die Abnahme durch Fiktion ausgeschlossen und nur noch durch ausdrückliche Erklärung möglich. Es ist jedoch genau darauf zu achten, daß die Reaktion des Auftraggebers innerhalb der Frist von 12 Werktagen erfolgt, denn danach *gilt* ja die Leistung als abgenommen.

wichtiger Hinweis

4.3.4.2 „Nutzungsabnahme"

Definition

§ 12 Nr. 5 Abs. 2 VOB/B läßt die Wirkungen der Abnahme eintreten, wenn der Auftraggeber die Leistung oder einen Teil davon in Benutzung genommen hat *und* wenn seither 6 Werktage vergangen sind, es sei denn, daß ausdrücklich etwas anderes vereinbart war. Auch hier müssen natürlich zuerst die in Nr. 4.3.2 aufgezählten, allgemeinen Voraussetzungen gegeben sein, ehe die Abnahmefiktion stattfinden kann.

Beispiel

Als besondere Voraussetzung nennt die VOB/B für diesen Fall die „Inbenutzungsnahme". Typisches Beispiel hierfür wäre der Einzug in das fertiggestellte Wohngebäude, gleichgültig ob es der Auftraggeber für sich selbst benutzt oder an andere vermietet. Die Benutzung der Bauleistung kann, gemäß ihrer Funktion, auch dadurch eintreten, daß eine Straße oder Brücke für den öffentlichen Verkehr freigegeben, daß eine Werkhalle oder ein Parkplatz in Betrieb genommen oder daß ein Geschäfts- bzw. Gastwirtschaftsbetrieb eröffnet wird.

Benutzung der Bauleistung

Die „Inbenutzungnahme" muß durch den Auftraggeber erfolgen, nicht durch den letztendlichen Nutznießer der fertigen baulichen Anlage. Dies ist vor allem von Bedeutung, wenn der Auftragnehmer als Subunternehmer eines Generalunternehmers tätig geworden ist und seine Leistung fertiggestellt hat, etwa den Rohbau, während die Gesamtleistung noch lange nicht erbracht ist. Hier genügt es, wenn der Generalunternehmer nach Beendigung der Rohbauarbeiten mit den Ausbaugewerken beginnt oder beginnen läßt. Denn der Begriff „Benutzung" bestimmt sich aus der Person des unmittelbaren Vertragspartners, nicht des Endabnehmers. Die Funktion des Generalunternehmers liegt jedoch darin, den Rohbau zum fertigen Gebäude weiter zu entwickeln, das ist seine „Nutzung".

Es ist zuzugeben, daß diese Meinung nicht unumstritten ist, und daß in führenden Kommentaren, unter Berufung auf eine Entscheidung des KG Berlin, gesagt wird, die Benutzung messe sich auch in diesen Fällen am *Endzweck* der Baumaßnahme. Es bleibt aber sehr zweifelhaft, ob diese Auslegung unter Berücksichtigung der beiderseitigen Interessen gerecht ist. Der Subunternehmer hat nämlich nur seinen Vertragspartner vor Augen, ihm kann nicht zugemutet werden, sich an ganz fremden, ihm vielleicht unbekannten Interessen zu orientieren.

Eine Ausnahme trifft § 12 Nr. 5 Abs. 2 Satz 2 VOB/B: Die Benutzung von *Teilen* einer baulichen Anlage *zur Weiterführung der Arbeiten* gilt *nicht* als Abnahme. Dies wirkt im ersten Augenblick wie ein Widerspruch zu den Ausführungen im vorhergehenden Absatz, ist es aber nicht. Die Besonderheit des dort aufgezeigten Falles lag nämlich darin, daß der Auftraggeber nur einen einzigen Auftrag an einen Generalunternehmer vergeben hatte. Jener mußte, um die Leistung zu erbringen, Subunternehmer einschalten. Abs. 2 Satz 2 geht demgegenüber davon aus, daß der Auftraggeber mit den einzelnen Bauhandwerkern selbst jeweils Verträge abschließt, diese also unmittelbar seine Auftragnehmer werden. Dann, so die zitierte Bestimmung, liegt noch keine Benutzung vor, wenn die Einzelleistung dem nächsten Unternehmer übergeben wird, damit er sein Gewerk darauf erbringen kann. Auch hier gilt also der Grundsatz, daß sich die Tatsache der „Benutzung" allein nach der Person des Auftraggebers bestimmt, dessen Zielrichtung hier nicht nur in der Fertigstellung der Baumaßnahme liegt, sondern vor allem im späteren Gebrauch.

Beispiele

Der Auftraggeber hat von einer Spezialfirma den Bodenaushub vornehmen und eine Betonwanne ausbilden lassen. Diese stellt er dem Rohbauunternehmer zur Verfügung, damit jener seine Leistung erbringen kann.
Den fertigen Rohbau überläßt er dem Estrichleger, Verputzer, Schreiner usw. zur Fertigstellung der entsprechenden Gewerke.

Eine Benutzung, die zur Abnahmefiktion nach § 12 Nr. 5 Abs. 2 VOB/B führt, liegt also nur dann vor, wenn die Ingebrauchnahme

Kapitel 2: Durchführung der Bauabnahme

Beispiele

dem Endzweck der Baumaßnahme unmittelbar entspricht. Eine *bloße Erprobung*, wie etwa der Probelauf einer Heizung, ist noch *keine Benutzung*. Ebensowenig liegt ein Gebrauch der Bauleistung vor, wenn beim Straßenbau eine Fahrbahnhälfte, die bereits bis auf die Verschleißschicht fertiggestellt ist, provisorisch für den Autoverkehr wieder eröffnet wird.

Teilnutzung

Zu einem anderen Ergebnis muß man allerdings gelangen, wenn die Ingebrauchnahme durch den Auftraggeber selbständige, abgrenzbare Teile der Leistung erfaßt, die gemäß § 12 Nr. 2 a VOB/B auch gesondert abnahmefähig wären, falls der Auftragnehmer dies verlangen würde. Denn wo in § 12 Nr. 5 Abs. 2 VOB/B von „Teil der Leistung" die Rede ist, kann dies nur der „in sich abgeschlossene Teil" i. S. von Nr. 2 a sein.

Beispiel

Es sind mehrere Gebäude (= Lose) aufgrund eines einzigen Auftrages auszuführen. Wird eines von ihnen bezogen, so besteht insoweit die Möglichkeit einer Abnahmefiktion (= Teilabnahme).

Ausnahmen

Nicht jede Ingebrauchnahme erfüllt die Voraussetzungen für eine fiktive Abnahme. Man darf nicht außer Acht lassen, daß diese Art der Abnahme nach dem Willen des VOB-Verfassers lediglich „Ersatzfunktion" hat, falls die Parteien diesen Teil der Vertragsabwicklung vergessen haben sollten. Aus diesen Erwägungen dürfte klar sein, daß dann keine Abnahmewirkung aus der Benutzung abgeleitet werden kann, wenn der Auftraggeber sie unter dem Zwang äußerer Verhältnisse ausübt. Dazu gehört vor allem der Fall, daß er in das noch nicht fertiggestellte Gebäude einzieht, weil er seine bisherige Mietwohnung, die er gekündigt hat, verlassen muß. Dasselbe gilt, wenn er Mieter vorzeitig einziehen läßt, damit der Auftragnehmer, der schuldhaft eine Bauzeitverlängerung herbeigeführt hat, nicht mit noch höheren Schadensersatzansprüchen (§ 6 Nr. 6 VOB/B) belastet wird. Auch wenn dabei nicht ausdrücklich eine Abnahmeverweigerung kundgetan wird, muß man doch davon ausgehen, daß eine solche zum gegenwärtigen Zeitpunkt abgelehnt wird. Damit ist aber auch kein Platz für eine fiktive Abnahme.

6-Werktage-Frist

Weiteres Erfordernis ist „der Ablauf von 6 Werktagen nach Beginn der Benutzung". Diese Frist beginnt am 1. Werktag nach der „Ingebrauchnahme" (§ 187 Abs. 1 BGB) zu laufen, wobei zu beachten ist, daß die Benutzung nicht nur im Einstellen der Möbel zu sehen ist, sondern – gemäß der endgültigen Zweckbestimmung des Gebäudes – im „Bewohnen" durch Menschen. Außerdem wird verlangt, daß diese Benutzung *ununterbrochen* während 6 Werktagen erfolgen muß. Man kann eine fiktive Abnahme dann nicht unterstellen, wenn der Auftragge-

Beispiel

ber nach 3 Werktagen das Gebäude wieder verläßt, weil die fehlenden Restarbeiten und zahlreiche Mängel das Bewohnen noch nicht zulassen, und wenn er später, nach erfolgter Fertigstellung wieder für einige Tage einzieht, nur um festzustellen, daß eine Benutzung immer noch nicht möglich sei. Wenn er deshalb wieder auszieht, so kann man nicht die bisher im Gebäude verbrachten gesamten Werktage addieren und die in § 12 Nr. 5 Abs. 2 VOB/B genannte Benutzungsfrist daraus bemessen.

4.3.5 Wirkungen der fiktiven Abnahme

Wenn seit der schriftlichen Fertigstellungsmitteilung 12 Werktage bzw. seit der Ingebrauchnahme 6 Werktage abgelaufen sind, so ist die Abnahme vollzogen und es treten dieselben Wirkungen wie bei der erklärten Abnahme ein. Wenn der Auftraggeber aber während dieser Zeit Mängelrügen erhebt, so sind zwei Fälle zu unterscheiden:

(1) Erklärt der Auftraggeber in Zusammenhang mit dem Hinweis auf Mängel oder noch nicht ausgeführte Restarbeiten ausdrücklich oder sinngemäß, daß er unter diesen Umständen eine Leistungsabnahme ablehne, dann ist § 12 Nr. 5 in beiden Varianten ausgeschlossen, also auch wenn die Leistung schon benutzt wird.

(2) Der bloße Vorbehalt wegen bekannter Mängel dagegen beinhaltet noch keine Abnahmeverweigerung und damit auch keinen Ausschluß der fiktiven Abnahme. Dies ergibt sich aus § 12 Nr. 5 Abs. 3 VOB/B, wo diese Möglichkeit ausdrücklich eingeräumt wird.

Mängelrügen bei der fiktiven Abnahme

In Zusammenhang mit der Abnahmewirkung sagt § 12 Nr. 5 Abs. 3 VOB/B, daß der Auftraggeber Vorbehalte wegen bekannter Mängel oder wegen Vertragsstrafen spätestens zu den in den Absätzen 1 und 2 bezeichneten Zeitpunkten geltend zu machen habe. Dies dient zur Erhaltung des Nachbesserungs- bzw. des Vertragsstrafenanspruchs. Bei Nichterhebung des Vorbehalts wird der Auftraggeber mit diesbezüglichen Forderungen ausgeschlossen.

Auch wenn der Text der einschlägigen Bestimmung lediglich erkennen läßt, *wann* der Vorbehalt *spätestens* erklärt werden muß, geht doch die allgemeine Auffassung dahin, daß diese

Erklärung *innerhalb* der dort genannten Fristen abzugeben sei. Dies folgt aus der Grundregel des § 640 Abs. 2 BGB, wonach Vorbehalte wegen bekannter Mängel und wegen Vertragsstrafen bei der Abnahme geltend gemacht werden müssen. Dies zwingt zu einer Eingrenzung auf den Abnahmevorgang selbst bzw. auf die dafür geschaffenen Ersatztatbestände gem. § 12 Nr. 5 VOB/B.

Nun hat allerdings die Rechtsprechung, insbesondere der Bundesgerichtshof, ausgeführt, ein Vorbehalt sei auch dann wirksam erhoben, wenn der Auftraggeber kurz vor der Abnahme Mängel gerügt und dem Auftragnehmer eindringlich erklärt hat, er werde die mangelhafte Leistung niemals hinnehmen, und wenn ganz klar ist, daß sich diese Haltung innerhalb der hier maßgeblichen Frist nicht geändert hat. Es müßte also anhand des konkreten Einzelfalles geprüft und entschieden werden, ob nicht das frühere Verhalten so zu bewerten ist, daß es auch noch in die Fristen des § 12 Nr. 5 Abs. 1 und 2 VOB/B hineinwirkt und den Vorbehalt ersetzt. Dies birgt natürlich erhebliche Rechtsunsicherheiten in sich und ist als seltener Ausnahmefall zu behandeln, für dessen Voraussetzungen der Auftraggeber bei einem Rechtsstreit die volle Beweislast trägt.

Vorbehalt der Vertragsstrafe

Im übrigen gelten diese Darlegungen *nur für die Mängelrüge, nicht jedoch für den Vorbehalt der Vertragsstrafe*. Diese beiden rechtlichen Möglichkeiten können insoweit nicht miteinander verglichen werden, sie haben nämlich ganz unterschiedliche Zielsetzungen: erstere dient zur Rechtswahrung hinsichtlich der Ansprüche auf Nachbesserung, Wandelung oder Minderung, letztere ist Druckmittel zur Wahrung der Ausführungsfrist und pauschalierter Schadensersatz. Bei der Vertragsstrafe soll also der Auftraggeber im Moment der Abnahme nochmals entscheiden, ob er die Bauzeitüberschreitung als so schwerwiegend ansieht, daß er den Auftragnehmer über die Konventionalstrafe zur Verantwortung zieht. Das wird durch den Vorbehalt zum Ausdruck gebracht, weshalb jener nur bei der Abnahme selbst erklärt werden kann.

wichtiger Hinweis

Bezüglich der *Form des Vorbehaltes* kennt die VOB keine Vorschriften, er kann also schriftlich wie auch mündlich vorgebracht werden. Doch muß hier wieder eindringlich empfohlen werden *zu schreiben*, damit nicht später Beweisschwierigkeiten auftreten, insbesondere hinsichtlich der Frage, wann der Vorbehalt dem Auftragnehmer zugegangen ist. Will der Auftraggeber hierbei absolut sichergehen, so muß er seine Erklärung per „Einschreiben mit Rückschein" abgeben.

4.3.6 Literatur und Rechtsprechung

Aufsätze

Jagenburg:	Die Rechtsprechung zum privaten Bau- und Bauvertragsrecht im Jahre 1973; NJW 1974, S. 2264 (Nr. 7, S. 2265/2266)
Hochstein:	Die vergessene förmliche Abnahmevereinbarung und ihre Rechtsfolgen im Bauprozeß; BauR 1975, S. 221
Brügmann:	Die ursprünglich vereinbarte und später nicht durchgeführte förmliche Abnahme nach VOB; BauR 1979, S. 277
Dähne:	Die „vergessene" förmliche Abnahme nach § 12 Nr. 4 VOB/B; BauR 1980, S. 223

Urteile

BGH vom 25.05.1956, VI ZR 90/55
Die Abnahme gilt nicht gemäß § 12 Nr. 5 Abs. 2 VOB/B als erfolgt, wenn der Auftraggeber deutlich zu erkennen gibt, daß er trotz der Benutzung der Leistung die Abnahme verweigere.
Schäfer-Finnern, Z 2.50, Bl. 3

OLG Düsseldorf vom 12.06.1964, 5 U 280/63
Vorbehalte wegen bekannter Mängel müssen gemäß § 12 Nr. 5 Abs. 3 VOB/B bei der Abnahme nach § 12 Nr. 5 Abs. 1 VOB/B innerhalb der 12-Tages-Frist geltend gemacht werden. Eine vorherige Geltendmachung ist wirkungslos.
Schäfer-Finnern Z 2.50, Bl. 15

BGH vom 22.10.1970, VII ZR 71/69
Das Vorhandensein und die Rüge von Mängeln schließt schon nach § 640 BGB eine Abnahme grundsätzlich nicht aus. Erst recht steht die Geltendmachung von Mängeln nicht der in § 12 Nr. 5 Abs. 2 VOB/B vorgesehenen fiktiven Abnahme entgegen.
BauR 1971, S. 51; BGH Z 54, S. 352; VersR 1971, S. 135; NJW 1971, S. 99; BB 1970, S. 1508

BGH vom 28.06.1973, VII ZR 218/71
Eine fiktive Abnahme gemäß § 12 Nr. 5 VOB/B kommt nicht in Betracht, wenn die Parteien ausdrücklich vereinbart haben, daß die Abnahme bei einem gemeinsamen Ortstermin erfolgen solle.
Schäfer-Finnern Z 2.331, Bl. 94; BauR 1974, S. 63

BGH vom 12.06.1975, VII ZR 55/73
1. Ist im Sinne von § 12 Nr. 5 Abs. 2 VOB/B die Leistung in Benutzung genommen, so tritt nach Ablauf der Sechs-Tage-Frist die Abnahmewirkung ein, auch wenn der Auftraggeber keinen Abnahmewillen hat, es sei denn, er verweigert die Abnahme.

2. Bei der Abnahme nach § 12 Nr. 5 Abs. 2 VOB/B ist der Vorbehalt wegen bekannter Mängel grundsätzlich innerhalb von 6 Werktagen nach Beginn der Benutzung geltend zu machen (vgl. BGH Z 33, S. 236, 239 für den entsprechenden Fall einer Vertragsstrafe). Unter Umständen kann es aber genügen, wenn eine kurz zuvor geäußerte Mängelrüge in dem Sechs-Tage-Zeitraum erkennbar aufrecht erhalten wird.
BauR 1975, S. 344; NJW 1975, S. 1701; MDR 1975, S. 835; BB 1975, S. 990; DB 1975, S. 1599

BGH vom 10.02.1977, VII ZR 17/75
Die schriftliche Mitteilung über die Fertigstellung der Leistung im Sinne von § 12 Nr. 5 Abs. 1 VOB/B kann in der Übersendung der Schlußrechnung liegen. Schäfer-Finnern Z 2.502, Bl. 11; BauR 1977, S. 280; NJW 1977, S. 897; MDR 1977, S. 571; BB 1977, S. 571; DB 1977, S. 1184

BGH vom 23.11.1978, VII ZR 29/78
Die Benutzung der Werkleistung führt nicht zu einer fiktiven Abnahme, wenn der Auftraggeber die Abnahme (vorher) ausdrücklich abgelehnt hat oder wenn die Benutzung ersichtlich nur unter dem Zwang der Verhältnisse (hier: drohender Mietausfall in beträchtlicher Höhe) zustande gekommen ist. BauR 1979, S. 152; NJW 1979, S. 549; Schäfer-Finnern-Hochstein § 16 Ziffer 2 VOB/B Nr. 11; ZfBR 1979, S. 65

BGH vom 28.04.1980, VII ZR 109/79
Gilt die Bauleistung als abgenommen, so kann der Auftraggeber die Abnahme auch nicht wegen wesentlicher Mängel verweigern.
BauR 1980, S. 357

Kapitel 3

Wirkungen der Abnahme

Inhaltsübersicht	1	Abschluß der Hauptleistungspflicht des Auftragnehmers	125
	1.1	Bauausführung als Vorleistungspflicht ...	125
	1.2	Abnahme und Auftraggeberpflichten ...	126
	2	Welche Wirkungen hat die Abnahme im einzelnen?	127
	2.1	Gefahrübergang (§ 12 Nr. 6 VOB/B)	127
	2.1.1	Gefahrtragung im BGB-Werkvertrag ...	127
	2.1.2	Gefahrtragung im VOB-Werkvertrag ...	129
	2.1.3	Abnahme und Gefahrübergang	130
	2.1.4	Literatur und Rechtsprechung	131
	2.2	Gewährleistungspflicht	132
	2.2.1	Gewährleistung nach BGB (§§ 633 ff.) ...	132
	2.2.2	Gewährleistung nach VOB/B (§ 13)	133
	2.2.3	Erfüllungs- und Gewährleistungsanspruch nach VOB	134
	2.2.4	Sonderfall: Der „hinübergeschleppte" Mangel	135
	2.2.5	Literatur und Rechtsprechung	137
	2.3	Gewährleistungsfrist	139
	2.3.1	Verjährung des Gewährleistungsanspruchs	139
	2.3.2	Dauer der Verjährungsfrist	141
	2.3.3	Sonderfälle	142
	2.3.3.1	Teilabnahme (§ 12 Nr. 2 a VOB/B)	142
	2.3.3.2	Abnahmeverweigerung	142
	2.3.4	Literatur und Rechtsprechung	143
	2.4	Umkehr der Beweislast	145
	2.4.1	Mangelhaftigkeit der Bauleistung – Kausalität	145

2.4.2	Bedeutung der Beweislast	146
2.4.3	Nachweis der Kausalität	146
2.4.4	Literatur und Rechtsprechung	148
2.5	Erhaltung von Gewährleistungsansprüchen	149
2.5.1	„Vorbehalt" wegen bekannter Mängel	150
2.5.2	Umfang des Gewährleistungsausschlusses	150
2.5.3	Vorbehalt und Beweislast	152
2.5.4	Literatur und Rechtsprechung	153
2.6	Abnahme und Vorbehalt der Vertragsstrafe	155
2.6.1	Gesetzliche Grundlagen	155
2.6.2	Bedeutung der Vertragsstrafe in Bauaufträgen	156
2.6.3	Vorbehalt bei Abnahme	158
2.6.4	Form und Adressat des Vorbehalts	159
2.6.5	Vorbehaltserklärung durch den Architekten	160
2.6.6	Folgen des unterlassenen Vorbehälts	161
2.6.7	Literatur und Rechtsprechung	161
2.7	Abnahme und Vergütung	163
2.7.1	Abnahme und Vergütung im BGB-Werkvertrag	164
2.7.2	Abnahme und Vergütung im VOB-Werkvertrag	165
2.7.3	Literatur und Rechtsprechung	168

# 1 Abschluß der Hauptleistungspflicht des Auftragnehmers

1.1 Bauausführung als Vorleistungspflicht

Vorleistungspflicht des Werkunternehmers

Die Abnahme steht zeitlich am Schluß der vom Auftragnehmer zu erstellenden Werkleistung. Durch sie wird also ersichtlich klargemacht, daß das Bauwerk nun erbracht worden ist; damit endet für den Auftragnehmer das in § 4 VOB/B umrissene Erfüllungsstadium. Es stellt eine Besonderheit des Werkvertragsrechtes dar, daß der *Unternehmer* gesetzlich *zur Vorleistung verpflichtet* ist. Erst bei der Abnahme des Werkes ist die vereinbarte Vergütung zu entrichten (§ 641 Abs. 1 BGB).

Abschlagszahlungen

Dieser Grundsatz erfährt allerdings in der VOB/B eine Abschwächung, weil gemäß § 16 Nr. 1 auf Antrag *Abschlags*zahlungen in Höhe des Wertes der jeweils nachgewiesenen, vertragsgemäßen Leistungen, einschließlich des ausgewiesenen anteiligen Umsatzsteuer-Betrages, in möglichst kurzen Zeitabständen zu gewähren sind. Dies ist jedoch davon abhängig, daß ein Leistungsnachweis durch eine prüfbare Aufstellung (= Abschlagsrechnung) erbracht werden muß. Die Abschlagszahlungen sind ohne Einfluß auf Haftung und Gewährleistung des Auftragnehmers, sie gelten – so ausdrücklich § 16 Nr. 1 Abs. 4 VOB/B – nicht als Abnahme von Teilen der Leistung.

Diese Regelung ist im Hinblick auf Bauleistungen als sachgerecht anzusehen. Denn die Durchführung einer Baumaßnahme wird sich meistenteils über eine längere Zeitdauer erstrecken und dadurch hohe Vorleistungen des Auftragnehmers bedingen. Wenn dieser nun bis zum Abschluß seiner Arbeiten auf die Bezahlung warten müßte, wäre er gezwungen, bei seiner Bank entsprechende Kredite aufzunehmen, damit er Löhne, Material, Investitionen, Verwaltungsaufwand usw. vorfinanzieren kann. Das würde aber dazu führen, daß er auch die Kreditzinsen in seine Baupreise mit einbringen, diese also kräftig erhöhen müßte.

Deshalb liegt es überwiegend im Interesse des Bauherrn, daß Abschlagszahlungen vorgesehen werden, weil sich dadurch seine Kostenbelastung verringert.

1.2 Abnahme und Auftraggeberpflichten

Bereits bei den Ausführungen über Wesen und Bedeutung der Abnahme (vgl. 1. Kapitel) wurde darauf hingewiesen, daß die Erklärung des Auftraggebers im Vordergrund steht, er billige die erbrachte Leistung als vertragsgerecht. Dieses „Anerkenntnis" beendet einen wesentlichen Abschnitt im zeitlichen Ablauf der Erstellung des Werkes, weshalb die Rechtsordnung daran bedeutsame Rechtsfolgen anknüpft. Man darf in diesem Zusammenhang sogar von einem „zentralen Ereignis" im Baugeschehen sprechen oder auch von einem „Wendepunkt" im Bauablauf, der nur in etwa mit dem Vertragsabschluß selbst zu vergleichen ist:

Vor Erteilung des Auftrages, also in der Zeit der Vorbereitung, hatte der Bauherr bereits wichtige Aufgaben zu erfüllen. Er mußte die Planung in Gang setzen, etwa durch die Beauftragung eines Architekten, und die erforderlichen behördlichen Genehmigungen einholen. Nach Vertragsabschluß war der Auftragnehmer Hauptperson, denn er mußte seine Bauleistung in eigener Verantwortung nach dem Vertrag erbringen (§ 4 Nr. 2 Abs. 1 VOB/B). Durch die Abnahme und die damit verbundene Bestätigung, die Leistung sei ordnungsgemäß erbracht, tritt wieder der Auftraggeber in Vordergrund, weil er nun seiner Hauptverpflichtung, der abschließenden Rechnungsprüfung und der Zahlung der Vergütung, nachkommen muß. Das besagt jedoch nicht, daß der Auftragnehmer jetzt aller Verpflichtungen ledig sei. Gewisse Aufgaben oder Nachwirkungen seines Schaffens binden ihn auch weiterhin an seinen Vertragspartner, insbesondere die Pflicht zur Rechnungstellung (§ 14 VOB/B) und zur Gewährleistung (§ 13 VOB/B).
Man sieht also, daß in den einzelnen Stadien der Vertragsabwicklung jeweils einer der beiden Partner gewissermaßen die Hauptrolle spielt, weil ihm die bedeutenderen Verpflichtungen auferlegt sind. Die Abnahme bringt einen solchen „Rollenwechsel" vom Auftragnehmer zum Auftraggeber.

2 Welche Wirkungen hat die Abnahme im einzelnen?

2.1 Gefahrübergang (§ 12 Nr. 6 VOB/B)

Die einzige in § 12 VOB/B geregelte Rechtsfolge der Abnahme findet sich in Nr. 6: „Mit der Abnahme geht die Gefahr auf den Auftraggeber über, soweit er sie nicht schon nach § 7 trägt." Diese Regelung wirft verschiedene Rechtsfragen auf:

2.1.1 Gefahrtragung im BGB-Werkvertrag

Gefahrtragung im Werkvertrag

Nach § 644 BGB trägt der Unternehmer die Gefahr bis zur Abnahme des Werkes, ausgenommen der Besteller befindet sich in Annahmeverzug. Dies ergibt sich aus der Vorleistungspflicht des Unternehmers, der das Werk *in eigener Verantwortung* zu erbringen hat. Das bedeutet nämlich, daß dem Besteller bei der Abnahme eine mangelfreie, vertragsmäßig hergestellte Leistung zu übergeben ist. Wenn der Unternehmer dazu nicht imstande ist, kann er *grundsätzlich* auch *keine Vergütung* verlangen. Es geht hier also stets um die sog. „Vergütungsgefahr".

Beispiele

1. A bringt seinen PKW zur Reparatur in eine Autowerkstatt. Ein eigener Auftrag nur zur Schadensfeststellung wird nicht erteilt.

Kapitel 3: Wirkungen der Abnahme

Bei Abholung erklärt der Kfz-Mechaniker, er habe trotz intensiver Suche den Fehler nicht gefunden bzw. er sei nicht in der Lage, den festgestellten Schaden zu beheben.

Da der Leistungserfolg nicht erreicht werden konnte, steht dem Unternehmer auch keine Vergütung zu.

2. Der reparierte PKW, der aber noch nicht abgeholt worden war, wird gestohlen bzw. bei einem Brand in der Werkstatt vernichtet.

Auch hier kann der Auftragnehmer keine Bezahlung der Reparaturrechnung verlangen, es sei denn, der Auftraggeber hat den Wagen trotz Benachrichtigung und Aufforderung nicht rechtzeitig abgeholt (Annahmeverzug).

Vergütungsgefahr

Ist aber das Werk vor der Abnahme infolge eines Mangels des von dem Besteller gelieferten Stoffes oder infolge einer von dem Besteller für die Ausführung erteilten Anweisung untergegangen, verschlechtert oder unausführbar geworden, ohne daß ein Umstand mitgewirkt hat, den der Unternehmer zu vertreten hat, so kann der Unternehmer einen der geleisteten Arbeit entsprechenden Teil der Vergütung und Ersatz der in der Vergütung nicht inbegriffen Auslagen verlangen (§ 645 Abs. 1 BGB). Die gleiche Rechtsfolge tritt ein, wenn der Besteller seiner vertraglichen Mitwirkungspflicht, auch in der vom Unternehmer gesetzten Nachfrist, nicht nachgekommen ist und der Vertrag deshalb als aufgehoben gilt (§ 643 BGB).

Beispiele

1. B besorgt selbst einen Teppichboden und beauftragt U, diesen zu verlegen. Nach Fertigstellung der Arbeiten zeigt es sich, daß sich der Flor verwirft, weil das Material schlecht ist. Dies war für den U vor Aufnahme der Arbeiten auch bei sorgfältiger Prüfung nicht erkennbar.

Trotzdem kann U seine Vergütung verlangen, wegen des Mangels an dem beigestellten Teppichboden kann er nicht zur Verantwortung gezogen werden.

2. A erscheint beim Schneider nicht zur Anprobe seines Maßanzuges, auch nicht in der unter Kündigungsandrohung gesetzten Nachfrist.

Der Schneider kann eine Vergütung für die bis dahin erbrachten Leistungen verlangen, auch wenn er die Leistung nun nicht mehr erbringen wird, weil der Vertrag als aufgehoben gilt (§ 643 BGB).

Voraussetzung: kein Verschulden des Auftragnehmers

Es bleibt aber zu beachten, daß diese Darlegungen stets voraussetzen, daß dem Auftragnehmer keinerlei Verschulden angelastet werden kann. Gelangt man zu dem Ergebnis, daß er durch irgendwelche Verletzungen seiner Sorgfaltspflicht zum Untergang oder zur Verschlechterung seines Werkes beigetragen hat, dann kann er keine Vergütung beanspruchen. Hat etwa der Unternehmer in den o. g. Beispielen seine Werkstatt nicht ordnungsgemäß gegen unbefugte Eindringlinge gesichert oder Feuerschutzbestimmungen mißachtet bzw. hat der Verleger den beigestellten Teppichboden nicht vorher genau geprüft, dann trägt er das Vergütungsrisiko, wenn seine Werkleistung vor der Abnahme untergeht.

2.1.2 Gefahrtragung im VOB-Vertrag

Auch im Bauauftrag, bei dem die VOB/B einvernehmlich zum Vertragsinhalt gemacht worden ist, gelten in erster Linie die in den §§ 644 und 645 BGB entwickelten Grundsätze, jedoch stark abgeschwächt durch *§ 7 VOB/B.* Dort ist nämlich gesagt:

§ 7 VOB/B

„Wird die ganz oder teilweise ausgeführte Leistung vor der Abnahme durch höhere Gewalt, Krieg, Aufruhr oder andere unabwendbare vom Auftragnehmer nicht zu vertretende Umstände beschädigt oder zerstört, so hat dieser für die ausgeführten Teile der Leistung die Ansprüche nach § 6 Nr. 5; für andere Schäden besteht keine gegenseitige Ersatzpflicht."

Das bedeutet, daß der Auftragnehmer seinen Vergütungsanspruch behält, soweit die bereits ausgeführte Leistung *vor der Abnahme* durch die genannten Umstände beschädigt oder zerstört wird. Voraussetzung ist also auch hier, daß auf Seiten des Auftragnehmers jedes auch noch so geringfügige Verschulden hinsichtlich der Beschädigung ausgeschlossen sein muß. Wenn also der Auftragnehmer irgendwelche vertraglich gebotenen Sicherungsmaßnahmen gegen Diebstahl oder gegen Witterungseinflüsse unterlassen hat, dann ist § 7 VOB/B bereits ausgeschlossen.

ausgeführte Teile der Leistung

Ferner können nur bereits ausgeführte Leistungsteile seiner Gefahrtragung entzogen sein, nicht dagegen die erst angelieferten Stoffe und Bauteile bzw. bloße Hilfsmittel zur Erbringung der Leistung (z. B. Baumaschinen oder Gerüste).

Dies alles zeigt, daß § 7 VOB/B zwar einen großen Teil des Auftragnehmer-Risikos ausschließt, aber nur wenn die dort genannten engen Voraussetzungen auch bis ins Letzte erfüllt sind, was der Auftragnehmer im Streitfalle beweisen muß. Der Auftraggeber seinerseits, der dadurch mit erheblichen Unwägbarkeiten belastet wird, kann dieses Risiko nur dadurch abwenden, daß er eine *Bauwesenversicherung* abschließt, mit der unvorhergesehene Beschädigungen oder Zerstörungen während der Bauzeit abgedeckt werden.

Bauwesenversicherung

2.1.3 Abnahme und Gefahrübergang

Die oben beschriebene *Vergütungsgefahr* hat der Auftragnehmer *nur bis zur Abnahme* zu tragen. Mit diesem Ereignis geht jegliches Risiko in vollem Umfang auf den Auftraggeber über. Dieser hat jetzt die alleinige Verantwortung für das ihm zur Verfügung gestellte Werk. Alle in Zukunft eintretenden Beschädigungen und Zerstörungen haben keinerlei Einfluß auf seine Zahlungsverpflichtung, außer wenn die Voraussetzungen für eine Gewährleistung gegeben sind.

Zusammenfassend muß man sagen, daß die Regelung über die Gefahrtragung im VOB-Vertrag bei weitem nicht die große Bedeutung erlangt wie beim BGB-Werkvertrag. Denn § 7 VOB/B hat bereits einen großen Bereich der Vergütungsgefahr auf den Auftraggeber abgewälzt, bevor jener die Leistung abgenommen hat. Dies kommt durch den angehängten Nebensatz in § 12 Nr. 6 VOB/B „soweit er sie nicht schon nach § 7 trägt" klar zum Ausdruck. Die Verfasser der VOB sind bei ihrer Interessenabwägung davon ausgegangen, daß der Auftragnehmer gegen die seiner Bauleistung drohenden Gefahren weitgehend machtlos ist und daß man ihm übertriebene Sicherungsmaßnahmen nicht zumuten kann, ganz abgesehen davon, daß sich die Baukosten dadurch unangemessen erhöhen würden. Dies führte zu der für den Auftraggeber so ungünstigen Risikoverteilung.

2.1.4 Literatur und Rechtsprechung

Aufsätze

Schmalzl: Zum Begriff der „Bauleistung" im Sinne des § 7 Nr. 1 VOB/B; BauR 1972, S. 277

Duffek: Handlungen des Bauherrn als unabwendbarer, vom Auftragnehmer nicht zu vertretender Umstand; BauR 1975, S. 22

Urteile

LG Köln vom 07.12.71, 5 O 250/61
Wird das Bauwerk vor der Abnahme durch Dritte beschädigt, so trägt der Auftraggeber gemäß § 7 VOB/B die Gefahr, wenn dem Auftragnehmer geeignete Schutzmaßnahmen im Rahmen des § 4 Nr. 5 VOB/B wirtschaftlich nicht zumutbar waren. Entgegen § 12 Nr. 6 VOB/B geht die Gefahr auch dann bereits vor der Abnahme auf den Auftraggeber über, wenn zwar § 7 VOB/B nicht eingreift, der schadenstiftende Umstand aber dem Risikobereich des Auftraggebers zuzurechnen ist. Schäfer-Finnern Z 2.413, Bl. 49

BGH vom 12.07.73, VII ZR 196/72
Nach §§ 7, 6 Nr. 5 VOB/B hat der Auftragnehmer, wenn die Bauleistung durch nicht vertretbare unabwendbare Umstände beschädigt oder zerstört wird, Anspruch auf Vergütung der zerstörten oder beschädigten Leistung, und zwar in voller Höhe. Eine Aufteilung der Gefahr ist für solche Fälle in der VOB/B nicht vorgesehen. § 254 BGB ist nicht entsprechend anwendbar. Daneben kann der Auftragnehmer die Vergütung der für die Wiederherstellung erforderlichen Arbeiten verlangen (§ 2 Nr. 6 VOB/B).
DB 1973, S. 1979; BB 1973, S. 1047; NJW 1973, S. 1698; BauR 1973, S. 317

OLG Koblenz vom 14.06.78, 1 U 830/77
Gewitterregen von einer Schwere, mit der durchschnittlich nur alle 20 Jahre zu rechnen ist, ist höhere Gewalt, deren Folgen ein Straßenbauunternehmen nicht abzuwenden und nicht zu tragen braucht.
DB 1978, S. 1492

BGH vom 06.11.80, VII ZR 47/80
Zur Frage, wen die Vergütungsgefahr trifft, wenn Haupt- und Subunternehmer gleichzeitig an der Baustelle arbeiten und das unfertige Werk beider durch einen Brand untergeht, der von keinem der beiden zu verantworten ist.
BauR 1981, S. 71; NJW 1981, S. 391; DB 1981, S. 261.

2.2 Gewährleistungspflicht

Wesen der Gewährleistung

Mit der Abnahme des Werkes wird dem Auftragnehmer zwar bestätigt, daß er seine Leistung augenscheinlich vertragsgerecht und mangelfrei erbracht hat. Doch ist er damit nicht von allen Verpflichtungen frei geworden. Vielmehr muß er auch noch weiterhin gegenüber seinem Vertragspartner dafür einstehen, daß er ordnungsgemäß den Vertrag erfüllt hat und daß auch später keine Mängel zum Vorschein kommen. Diese Verpflichtung heißt „Gewährleistung", sie ist sowohl dem BGB wie auch der VOB bekannt.

Garantie und Gewährleistung

Der in diesem Zusammenhang gleichfalls oft verwendete Ausdruck „Garantie" ist mißverständlich, weil Garantie, rechtlich gesehen, etwas anderes bedeutet als Gewährleistung. Bei Auslegung der entsprechenden Erklärung wird man meist zu dem Ergebnis kommen, daß mit dem Wort „Garantie" eigentlich die „Gewährleistung" gemeint ist, weil lediglich die Mangelfreiheit einer Leistung, nicht aber ein darüber hinausgehender Erfolg zugesichert wird.

Die aus der Gewährleistung dem Auftraggeber zustehenden Rechte ergeben sich wie folgt:

2.2.1 Gewährleistung nach BGB (§§ 633 ff BGB)

Der Besteller hat bei Mangelhaftigkeit des Werkes gegen den Unternehmer folgende Rechte:
(1.) Nachbesserungsanspruch – § 633 Abs. 2
    Ersatzvornahme bei Verzug der Nachbesserung –
    § 633 Abs. 3

(2.) Wandelung (= Rückgewähr der gegenseitigen Leistungen) oder
Minderung (= Reduzierung des Kaufpreises) – § 634

Voraussetzungen:
Angemessene Nachbesserungsfrist und Ablehnungsandrohung (§ 634 Abs. 1)

Rechtsfolge:
Ausschluß der Nachbesserung

(3.) Schadensersatz wegen Nichterfüllung – § 635

Voraussetzungen:
Vorhandensein eines Schadens aufgrund eines Mangels, Verschulden des Auftragnehmers

Rechtsfolge:
Ausschluß der Wandelung und Minderung (Wahlrecht), daneben ist nur Nachbesserung möglich.

2.2.2 Gewährleistung nach VOB/B (§ 13)

(1.) Nachbesserungsanspruch – § 13 Nr. 5 Abs. 1
Ersatzvornahme bei Fristablauf – § 13 Nr. 5 Abs. 2
(2.) Minderung – § 13 Nr. 6

Voraussetzungen
Objektive Unmöglichkeit
Unverhältnismäßigkeit oder
Unzumutbarkeit der Nachbesserung

Rechtsfolge:
Ausschluß der Nachbesserung

(3.) Schadensersatz – § 13 Nr. 7:
Bei Schäden an der baulichen Anlage – Nr. 7 Abs 1.
Bei darüber hinausgehenden Schäden – Nr. 7 Abs. 2

Voraussetzungen:
Vorhandensein eines Schadens aufgrund eines Mangels, Verschulden des Auftragnehmers

Rechtsfolge:
Daneben ist Nachbesserung oder Minderung möglich (vgl. Nr. 7 Abs. 1: „außerdem")

Zur Abgrenzung zwischen „Mangel" und „Schaden" bei der Gewährleistung vgl. 2. Kapitel, Nr. 3.2.1.

2.2.3 Erfüllungs- und Gewährleistungsanspruch nach VOB

Während der Nachbesserungsanspruch nach § 633 BGB (nicht aber Wandelung und Minderung bzw. Schadensersatz wegen Nichterfüllung, §§ 634, 635 BGB) für die Zeit vor und nach der Abnahme eingeräumt wird, trennt die VOB/B bei der Nachbesserung streng zwischen dem Erfüllungsanspruch nach § 4 Nr. 7 VOB/B und dem Gewährleistungsanspruch nach § 13 Nr. 5 – 7 VOB/B. In beiden Fällen hat der Auftragnehmer bei Mangelhaftigkeit seine Leistung nachzubessern, ggf. eine Minderung der Vergütung hinzunehmen und, wenn aus dem Mangel weitere Schäden erwachsen sind, Schadensersatz zu leisten. Gleichwohl sind die Voraussetzungen hierfür, wie auch die einschlägigen Vorschriften, verschieden. Welcher der beiden Fälle vorliegt, ist aber allein danach zu bemessen, *ob bereits die Abnahme stattgefunden hat oder nicht.* Dies mag nachstehendes Schema verdeutlichen:

Möglichkeiten des Auftraggebers bei mangelhafter Leistung (Definition: § 13 Nr. 1 VOB/B):

Vor Abnahme:	Nach Abnahme:
§ 4 Nr. 7 VOB/B	§ 13 VOB/B
Aufforderung zur Nachbesserung unter Fristsetzung und Kündigungsandrohung (§ 4 Nr. 7 Satz 1 und 3),	Aufforderung zur Nachbesserung unter Fristsetzung (§ 13 Nr. 5 Abs. 1 Satz 1).
Fristablauf, Kündigung und Ersatzvornahme (§ 8 Nr. 3 Abs. 1 und 2),	Fristablauf, Ersatzvornahme (§ 13 Nr. 5 Abs. 2),
daneben Schadensersatz möglich (§ 4 Nr. 7 Satz 2).	daneben Schadenersatz möglich (§ 13 Nr. 7 Abs. 1 und 2).

Kapitel 3: Wirkungen der Abnahme

Mit der Abnahme der Leistung endet also die Erfüllungspflicht des Auftragnehmers, er hat von da an nur noch Gewähr i.S. des § 13 VOB/B zu leisten, wenn Mängel an dem Werk hervortreten.

2.2.4 Sonderfall: Der „hinübergeschleppte" Mangel

Die scharfe Trennung, welche die VOB zwischen dem Erfüllungs- und dem Gewährleistungsanspruch zieht, führt zu einem Sonderfall, der einer eigenen Beurteilung bedarf. Er läßt sich am besten an dem nachfolgenden *Beispiel* darstellen:

Beispiel

Der Auftraggeber, der dem Auftragnehmer einen VOB-Auftrag erteilt hat, stellt während der Bauausführung fest, daß verschiedene Aussparungen und Schlitze, die im Plan vorgesehen waren, nicht ausgebildet worden sind. Außerdem ist die Außenisolierung beim Kellermauerwerk nicht aufgebracht. Er weist deshalb *vor Abnahme* schriftlich auf diese Fehler hin, verlangt vertragsgemäße Ausführung und setzt eine Nachfrist, nach deren fruchtlosem Ablauf er kündigen will. Obwohl der Auftragnehmer dieser Aufforderung nicht nachkommt, unterbleibt eine Kündigung. Nach der Fertigstellung wird die Abnahme förmlich durchgeführt. Der Auftraggeber rügt die immer noch vorhandenen Fehler und läßt sie in das Protokoll aufnehmen. Außerdem wird erneut eine „Mängelbeseitigungsfrist" gesetzt. Wie ist die Rechtslage?

Der Auftraggeber hat vor der Abnahme von der in § 4 Nr. 7, Satz 1 und 3 VOB/B eingeräumten Möglichkeit Gebrauch gemacht. Insoweit hat er seinen Erfüllungsanspruch verfolgt. Daß er dann doch nicht gekündigt und die Leistung von einem anderen hat ausführen lassen, ist seine persönliche Entscheidung, die ihm nicht nachteilig angelastet werden darf. Häufig wird nämlich von einer Auftragsentziehung deshalb abgesehen, weil keine andere Firma so kurzfristig bereit ist, die Leistung fertigzustellen, andererseits aber die Baumaßnahme weiterlaufen soll.

Bei der Abnahme des Rohbaues hatte der Auftraggeber zu überlegen, ob die Mängel so wesentlich sind, daß eine Ablehnung gerechtfertigt ist (§ 12 Nr. 3 VOB/B). Da dies hier offensichtlich nicht der Fall war, mußte er abnehmen und zur Erhaltung seiner Rechte die bekannten Mängel rügen. Dies ist geschehen.

Abgrenzung: Erfüllung und Gewährleistung

Durch die Abnahme hat sich aber der Nachbesserungs- bzw. Mängelbeseitigungsanspruch für den Auftragnehmer von einer Erfüllungs- in eine Gewährleistungsverpflichtung umgewandelt. Für dieselben Mängel war also bis zur Abnahme § 4 Nr. 7 VOB/B einschlägig, nachher gilt § 13 VOB/B. Denn mit der Abnahme erklärt der Auftraggeber, daß die Leistung „im wesentlichen" erbracht worden ist, eine Erfüllung ist danach logischerweise nicht mehr möglich.

Das hat folgende Konsequenz: Wenn der Rohbauunternehmer auch in der bei Abnahme gesetzten Frist seine Leistung nicht in Ordnung bringt, kann der Auftraggeber nach fruchtlosem Ablauf eine andere Firma damit beauftragen. Einer Vertragskündigung gegenüber dem ursprünglichen Partner bedarf es nicht. Eine solche wäre gegenstandslos, weil das Vertragsverhältnis durch die Abnahme bereits beendet ist. Die von der Nachfolgefirma in Rechnung gestellten Mehrkosten kann der Auftraggeber von seinem ursprünglichen Auftragnehmer wieder verlangen (§ 13 Nr. 5 Abs. 2 VOB/B: „auf Kosten des Auftragnehmers beseitigen lassen").

Schadens-ersatz gem. § 4 Nr. 7 Satz 2 VOB/B

Diese Ausführungen gelten jedoch nur für den Nachbesserungsanspruch, nicht dagegen für Ersatzansprüche aus Schäden, die durch den Mangel entstanden sind. Ist in dem o.g. Beispielfall wegen der fehlenden Isolierung des Kellermauerwerks schon vor der Abnahme Feuchtigkeit in das Mauerwerk eingedrungen, so daß eine aufwendige Austrocknung nötig wird, dann kann der Auftraggeber hierfür vom Auftragnehmer Ersatz gem. § 4 Nr. 7 Satz 2 VOB/B fordern, wenn die dortigen Voraussetzungen, insbesondere Verschulden, gegeben sind.

Durch die Abnahme wird die Rechtsnatur dieses Anspruchs nicht verändert, er bemißt sich weiterhin nach § 4 Nr. 7 Satz 2 VOB/B, § 13 Nr. 7 VOB/B ist nicht anwendbar. Auch bedarf es bei der Abnahme, wie von Rechtsprechung und Kommentaren wiederholt bestätigt, keines Vorbehalts, um die Durchsetzung dieses noch nicht erledigten Schadenersatzanspruchs zu sichern.

Der hier behandelte Sonderfall bestätigt also ebenfalls den bereits eingangs für VOB-Verträge aufgestellten Grundsatz, nämlich daß der Anspruch auf *Nachbesserung* von Bauleistungsmängeln *vor der Abnahme* immer zur *Vertragserfüllung* (§ 4 Nr. 7) zählt, *nach der Abnahme* dagegen immer zur *Gewährleistung* (§13).

2.2.5 Literatur und Rechtsprechung

Aufsätze

Hochstein: Unmittelbarer Schaden, Schaden am Bauwerk und unmittelbarer Schaden am Bauwerk; BauR 1972, S. 8

Dähne: Der Übergang vom Erfüllungs- zum Gewährleistungsanspruch in der VOB; BauR 1972, S. 136

Finger: Die Haftung des Werkunternehmers für Mängelfolgeschäden; NJW 1973, S. 81

Schmalzl: Bauvertrag, Garantie und Verjährung; BauR 1976, S. 221

Aurnhammer: Verfahren zur Bestimmung von Wertminderungen bei (Bau-) Mängeln und (Bau-) Schäden; BauR 1978, S. 356

Peters: Mangelschäden und Mangelfolgeschäden; NJW 1978, S. 665

Eisenmann: Ersatzansprüche nach Werk- und Kaufvertragsrecht; DB 1980, S. 433

Urteile

BGH vom 27.06.1963, VII ZR 121/62
1. Der Besteller kann sich gegenüber der Werklohnforderung des Unternehmers nebeneinander hilfsweise auf Minderung, Wandelung oder Schadensersatz wegen Nichterfüllung berufen.

2. Auch unter den Voraussetzungen des § 13 Nr. 7 Abs. 2 VOB/B (großer Schadensersatzanspruch) kann der Besteller die Rücknahme des Werkes verlangen und die Zahlung jeglicher Vergütung verweigern.

3. Im Falle des § 13 Nr. 7 Abs. 1 VOB/B (kleiner Schadensersatzanspruch) kann der Besteller gegenüber der geminderten Werklohnforderung mit dem Anspruch auf Ersatz des Schadens am Bauwerk aufrechnen.

BGH vom 06.05.1968, VII ZR 33/66
Nach § 13 bestimmt sich die Haftung für Mängel, wenn die Gesamtleistung oder in sich abgeschlossene Teile der Leistung ausgeführt und abgenommen sind. Für Mängel einer nicht fertiggestellten Leistung gilt § 4 Nr. 7 Satz 2, bei Entziehung des Auftrags ferner § 8 Nr. 3 Abs. 2.
Hierfür geben diese Vorschriften eine abschließende Regelung.
BGH Z 50, S. 160; NJW 1968, S. 1524; MDR 1968, S. 750; BB 1968, S. 770;
DB 1968, S. 1397

BGH vom 08.02.1973, VII ZR 208/70
Zur Bedeutung der Garantieübernahme beim Bauvertrag
Schäfer-Finnern Z 2.414, Bl. 302; BB 1973, S. 1602
BGH vom 10.06.1974, VII ZR 4/73
Der Auftraggeber kann den Anspruch aus § 13 Nr. 5 Abs. 2 VOB/B auch ohne Fristsetzung geltend machen, wenn er mit gutem Grund das Vertrauen zum Auftragnehmer verloren hat oder befürchten muß, der Auftragnehmer werde sich seiner Pflicht zur Mängelbeseitigung entziehen. Dem steht es gleich, wenn diese Voraussetzung zwar erst nach Fristsetzung, aber vor Fristablauf eintritt. BauR 1975, S. 137; DB 1974, S. 1959; Schäfer-Finnern Z 2.414, Bl. 8

BGH vom 25.09.1975, VII ZR 179/73
1. Zur Frage, wann sich ein Werkunternehmer beim Fehlen zugesicherter Eigenschaften nicht auf den Ausschluß von Schadensersatzansprüchen in AGB berufen kann (im Anschluß an BGH 2.50, S. 200, 206)

2. Zum Begriff und zur Bedeutung einer im Zusammenhang mit einem Werkvertrag übernommenen „Garantie".
BauR 1976, S. 56; BGH Z 65, S. 107; NJW 1976, S. 43; MDR 1976, S. 135; BB 1975, S. 1507; Schäfer-Finnern Z 2.10, Bl. 51

BGH vom 06.11.1975, VII ZR 222/73
Zur Frage, inwieweit ein Nachbesserungsanspruch nach § 633 BGB und ein Schadensersatzanspruch nach §§ 634, 635 BGB in getrennten Prozessen nebeneinander geltend gemacht werden können.
Schäfer-Finnern Z 8.41, Bl. 19; BauR 1976, S. 57; MDR 1976, S. 213; BB 1976, S. 485

BGH vom 10.02.1977, VII ZR 213/74
§ 13 Nr. 5 VOB/B enthält eine abschließende Regelung des Anspruchs auf Ersatz von Mängelbeseitigungskosten. Daneben besteht weder ein Bereicherungsanspruch noch ein Anspruch auf Geschäftsführung ohne Auftrag.
Schäfer-Finnern Z 2.414.3, Bl. 19; BauR 1977, S. 350

2.3 Gewährleistungsfrist

Mit der Abnahme beginnt die sog. Gewährleistungsfrist zu laufen. Das ergibt sich sowohl aus § 638 Abs. 1 Satz 2 BGB als auch aus § 13 Nr. 4 Satz 2 VOB/B.

2.3.1 Verjährung des Gewährleistungsanspruchs

Definition

Der Begriff „Gewährleistungsfrist" ist, rechtstechnisch gesehen, sehr ungenau, weil er den Eindruck erweckt, der Auftragnehmer habe nur während einer gewissen Zeitspanne für seine Leistungen einzustehen. Diese Auslegung wäre aber falsch.

Aufgrund der Gewährleistungspflicht hat der Besteller nach Abnahme der Werkleistung gegen den Ausführenden gewisse Ansprüche, wenn Mängel hervortreten. „Anspruch" ist „das Recht, von einem anderen ein Tun oder ein Unterlassen zu verlangen" (§ 194 Abs. 1 BGB). Ein solcher Anspruch geht aber nicht durch Zeitablauf unter, sondern er unterliegt höchstens der Verjährung. Das bedeutet, daß der Verpflichtete nach gewisser Zeit seine Leistung verweigern kann, wenn er sich auf die eingetretene Verjährung beruft. Tut er das nicht, so muß er seiner Verpflichtung gleichwohl nachkommen, weil diese nach wie vor fortbesteht.

Beispiele

1. Zwischen B und U war ein BGB-Werkvertrag über die Errichtung eines Wohnhauses abgeschlossen worden. Die Baumaßnahme wurde am 09.05.1978 gemäß § 640 Abs. 1 BGB abgenommen. Am 23.05.1978 erhielt der Auftraggeber die Rechnung, Zahlung erfolgte am 27.06.1978. Am 12.01.1981 stellte U fest, daß er seinerzeit eine tatsäch-

lich erbrachte Leistung in seiner Rechnung vergessen hatte, und er schickte dem B eine „Nachberechnung". Dieser fand nach Überprüfung des Sachverhalts die Behauptung des U bestätigt. Deshalb bezahlte er auch den nachgeforderten Betrag. Später erklärte ihm sein Rechtsanwalt, daß seit 01.01.1981 die Forderung des Bauunternehmers verjährt sei. B fordert daher diese nachträglich gezahlte Vergütung zurück mit der Begründung, sie sei nach Eintritt der Verjährung in Unkenntnis dieses Ereignisses geleistet worden. U weigert sich zurückzuzahlen.
Zu Recht?
B hat aufgrund einer tatsächlich bestehenden Forderung geleistet, ohne ein ihm zustehendes Leistungsverweigerungsrecht auszuüben. Das zur Befriedigung eines verjährten Anspruchs Geleistete kann jedoch *nicht zurückgefordert* werden (§ 222 Abs. 2 BGB); U darf also die nachträglich gewährte Vergütung behalten.

2. Der Bauherr, der einen VOB-Auftrag erteilt hatte, stellt 3 Jahre nach der Abnahme erstmals einige Mängel an dem Gebäude fest. Er fordert daher den Unternehmer schriftlich auf, diese binnen 4 Wochen zu beheben. Jener kommt der Aufforderung fristgemäß nach. Später macht ihn sein Anwalt darauf aufmerksam, daß die Gewährleistungsansprüche, die er seiner Meinung nach zu erfüllen hatte, längst verjährt gewesen seien (§ 13 Nr. 4 VOB/B). Deshalb stellt er dem Bauherrn seine Kosten in Rechnung. Jener lehnt aber eine Zahlung ab, weil es sich um „Garantieleistungen" gehandelt habe. Zu Recht?

Der Auftragnehmer hat noch bestehende Gewährleistungsansprüche erfüllt. Die falsche Bezeichnung „Garantieleistungen, die der Auftraggeber gebraucht hat, ist rechtlich ohne Bedeutung. Bei der Nachbesserung hat der Auftragnehmer lediglich versäumt, sein ihm zustehendes Gegenrecht geltend zu machen und sich auf Verjährung zu berufen. Auch wenn er ohne Kenntnis dieser Möglichkeit die Mängel beseitigt hat, kann er *keine Vergütung verlangen* (§ 222 Abs. 2 in Verb. mit § 818 Abs. 2 BGB).

In dieser Hinsicht machen also die Gewährleistungsansprüche (Nachbesserung, Wandelung und Minderung, Schadensersatz) keine Ausnahme. Auch sie unterliegen der Verjährung. Deshalb bedeutet der allgemein verwendete Ausdruck „Gewährleistungsfrist" nichts anderes als „Verjährungsfrist für Gewährleistungsansprüche".

2.3.2 Dauer der Verjährungsfrist

Die Dauer dieser Verjährungsfrist richtet sich nach der Art des Bauauftrages:

Verjährungsfrist nach § 638 BGB

(1) Haben die Parteien die Geltung der VOB/B nicht vereinbart, so gilt § 638 BGB. Danach verjähren der Anspruch des Bestellers auf Beseitigung eines Mangels des Werkes sowie die wegen des Mangels dem Besteller zustehenden Ansprüche auf Wandelung, Minderung oder Schadensersatz, sofern nicht der Unternehmer den Mangel arglistig verschwiegen hat, bei Arbeiten an einem Grundstück in einem Jahre, bei Bauwerken in 5 Jahren. Die Verjährung beginnt mit der Abnahme des Werkes.

Verjährungsfrist nach § 13 Nr. 4 VOB/B

(2) Die VOB/B geht in § 13 Nr. 4 Satz 1 davon aus, daß die Vertragsparteien individuell eine Verjährungsfrist für die Gewährleistung vereinbaren. Ist dies nicht der Fall gewesen, so beträgt die Frist für Bauwerke und für Holzerkrankungen 2 Jahre, für Arbeiten an einem Grundstück und für die vom Feuer berührten Teile von Feuerungsanlagen 1 Jahr. Sie beginnt mit der Abnahme der gesamten Leistung.

In beiden Fällen ist wegen der unterschiedlich langen Verjährungsfrist eine Abgrenzung zwischen „Bauwerken" und „Arbeiten an Grund und Boden" erforderlich. Nach ständiger Rechtsprechung ist „Bauwerk" eine unbewegliche, durch Verwendung von Arbeit und Material in Verbundenheit mit dem Erdboden hergestellte Sache, also nicht die bloße Umgestaltung des Bodens. Dagegen sind „Arbeiten an Grund und Boden" solche, die allein die Veränderung des bestehenden Zustandes, also die Gestaltung des Erdbodens selbst, als *Endziel* haben.

„Bauwerk" und „Arbeiten an Grund und Boden"

Außerdem zählen dazu aber auch Arbeiten, die an einem Gebäude vorgenommen, wegen ihrer untergeordneten Bedeutung aber nicht als „Bauwerk" bezeichnet werden können, z.B. bloße Ausbesserungen und Instandsetzungen von geringerem Umfang.

Die Rechtsprechung hat in zahlreichen Urteilen versucht, diese Abgrenzung zu vollziehen, ohne aber bislang genauere Unterscheidungsmerkmale als die beiden o.g. Definitionen herauszuarbeiten. Deshalb mag es hier bei einer kurzen Darstellung verbleiben, die Aufzählung einzelner Beispiele würde den Rahmen dieser Ausführungen überschreiten.

Beginn der Verjährung	Mit der Abnahme beginnt die Verjährungsfrist für die Gewährleistungsansprüche zu laufen. Der Tag der Abnahme wird jedoch gem. § 187 Abs. 1 BGB nicht mitgezählt, so daß die Frist mit Ablauf des Tages endet, der datumsmäßig dem Tage der Abnahme entspricht. Ist dies ein Sonntag oder ein staatlich anerkannter Feiertag, so verschiebt sich das Fristende auf den nächstfolgenden Werktag.
Beispiel	Fand die Abnahme am 19.04.1979 statt, so endet die zweijährige Verjährungsfrist nach § 13 Nr. 4 VOB/B mit Ablauf des 21.04.1981 (19.04.: Ostersonntag, 20.04.: Ostermontag).

2.3.3 Sonderfälle

2.3.3.1 Teilabnahme (§ 12 Nr. 2a VOB/B)

	Hat der Auftragnehmer eine echte Teilabnahme für einen in sich abgeschlossenen Leistungsteil verlangt (§ 12 Nr. 2a VOB/B) und hat der Auftraggeber dem entsprochen, dann läuft dafür schon von jenem Zeitpunkt ab die Verjährungsfrist. Innerhalb der Gesamtbaumaßnahme gibt es dann also verschiedene Gewährleistungen, die der Auftraggeber überwachen muß, wenn er seine entsprechenden Rechte wahren will.
Teilabnahme und Gewährleistung	

Davon ist der Fall zu trennen, wo der Bauherr die Einzelgewerke speziell an Bauhandwerker vergeben hat. Diese müssen einzeln bei Fertigstellung abgenommen werden, für jedes von ihnen läuft eine eigene Gewährleistungsverpflichtung.

2.3.3.2 Abnahmeverweigerung

Erfolgt überhaupt keine Abnahme, weil sich der Auftraggeber geweigert hat, so beginnt die gesetzliche oder vertragliche Verjährungsfrist mit der endgültigen Ablehnung. Ein solcher Fall

Gewährleistung nach Ablehnung der Abnahme	ist beispielsweise denkbar, wenn der Auftraggeber behauptet, das ihm zur Abnahme angebotene Bauwerk weise erhebliche Mängel auf. Dies berechtige ihn gem. § 12 Nr. 3 VOB/B zur Ablehnung.

Dazu kommt meist noch, daß er dem Auftragnehmer eine Frist zur Beseitigung dieser Mängel setzt und nach fruchtlosem Ablauf derselben kündigt (§§ 4 Nr. 7, 8 Nr. 3 VOB/B). Dieses Verhalten ist als „endgültige Verweigerung der Abnahme" anzusehen und bewirkt, wenn zu Unrecht ausgeübt, daß die Gewährleistungsfrist in Gang gesetzt wird.

Beweissicherungsverfahren	Ob der Auftraggeber nun tatsächlich zu dieser Ablehnung befugt war, dürfte regelmäßig erst in einem nachfolgenden Prozeß geklärt werden, wenn sich Sachverständige und Zeugen zu den angeblichen Mängeln geäußert haben. Manchmal erledigt sich diese Frage auch schon dann, wenn ein gerichtliches Beweissicherungsverfahren gem. §§ 485 ff ZPO (durch Augenschein oder Begutachtung der mangelhaften Leistung) durchgeführt worden ist.

2.3.4 Literatur und Rechtsprechung

Aufsätze

Dähne:	Rechtsnatur und Verjährung des Schadensersatzanspruches in § 4 Nr. 7 Satz 2 VOB/B; BauR 1973, S. 268
Schmitz:	Die Verjährung von Mängelfolgeschäden im Kauf- und Werkvertragsrecht; NJW 1973, S. 2081
Jakobs:	Die Verjährung von Schadensersatzansprüchen wegen mangelhafter Werkleistung; Juristische Schulung (JuS) 1975, S. 76
Peters:	Zur Verjährung der Ansprüche aus culpa in contrahendo und positiver Forderungsverletzung; VersR 1979, S. 103
v. Craushaar:	Die Verjährung der Gewährleistungsansprüche bei Bauleistungen am fertigen Gebäude; BauR 1980, S. 112

Urteile

BGH vom 25.05.1956, VI ZR 90/55
Auch bei versteckten Mängeln beginnt die Verjährung der Gewährleistungsrechte mit der Abnahme.
Schäfer-Finnern Z 2.50, Bl. 3

BGH vom 26.10.1967, VII ZR 58/65
Beim Werkvertrag beginnt die Verjährung von Gewährleistungsansprüchen unabhängig davon, ob der Besteller innerhalb der Verjährungsfrist von den Mängeln Kenntnis erhält oder nicht (§§ 638 BGB, 13 Nr. 4 VOB/B).
Schäfer-Finnern Z 2.414, Bl. 210

BGH vom 24.11.1969, VII ZR 177/67
Bei nach § 13 Nr. 7 Abs. 1 begründeten Ansprüchen handelt es sich stets um Gewährleistungsansprüche, die in den Fristen des § 13 Nr. 4 verjähren.
BauR 1970, S. 48; NJW 1970, S. 421; MDR 1970, S. 370; DB 1970, S. 250

BGH vom 22.10.1970, VII ZR 71/69
Der Anspruch auf Ersatz von Mängelbeseitigungskosten verjährt nach der Abnahme des Werkes auch im Falle des § 4 Nr. 7 VOB/B nach § 13 Nr. 4 VOB/B
BauR 1971, S. 51; Schäfer-Finnern Z 2.414 Bl. 245, DB 1971, S. 669

BGH vom 10.07.1975, VII ZR 64/73
Zur Abnahme in sich abgeschlossener Teile der Leistung und zum Beginn der Verjährung von Gewährleistungsansprüchen.
BauR 1975, S. 423

BGH vom 05.05.1977, VII ZR 191/75
Für eine – einmalige – Unterbrechung der Verjährung nach § 13 Nr. 5 Abs. 1 VOB/B (1952) kommen nur solche schriftliche Aufforderungen in Betracht, die dem Auftragnehmer nach der Abnahme innerhalb der Verjährungsfrist zugehen.
Schäfer-Finnern Z 2.415.2 Bl. 15; BauR 1977, S. 346

2.4 Umkehr der Beweislast

2.4.1 Mangelhaftigkeit der Bauleistung – Kausalität

Die Verpflichtung des Auftragnehmers zur Mängelbeseitigung hängt davon ab, daß auch tatsächlich ein Mangel vorhanden ist *und* daß dieser auf die Leistung des Auftragnehmers zurückzuführen ist.

In § 13 Nr. 3 VOB/B wird gesagt: „Ist ein Mangel zurückzuführen auf die Leistungsbeschreibung oder auf Anordnungen des Auftraggebers, auf die von diesem gelieferten oder vorgeschriebenen Stoffe oder Bauteile oder die Beschaffenheit der Vorleistung eines anderen Unternehmers, so ist der Auftragnehmer von der Gewährleistung für diese Mängel frei, außer wenn er die ihm nach § 4 Nr. 3 obliegende Mitteilung über die zu befürchtenden Mängel unterlassen hat."

Mangel und Vertragswidrigkeit

Die Frage, ob überhaupt ein Mangel oder eine sonstige Vertragswidrigkeit vorliegt, wird sich in den allermeisten Fällen schnell beantworten lassen, weil die entsprechende Definition in § 633 Abs. 1 BGB und in § 13 Nr. 1 und 2 VOB/B sehr weit und ausführlich gefaßt ist. Schwieriger dürfte es jedoch werden, wenn es darum geht festzustellen, ob die aufgetretenen Mängel auf eine vertragswidrige Leistung des Auftragnehmers zurückzuführen sind oder nicht.

Bevor diese Frage aber vertieft wird, muß eine wichtige Tatsache eindeutig klargestellt werden:

Verursachung des Mangels

Wenn es sich um Nachbesserungs- oder (Wandelungs- bzw.) Minderungsansprüche handelt, kommt es allein darauf an, daß die Mangelhaftigkeit oder Vertragswidrigkeit vom Auftragnehmer *verursacht* worden ist. Lediglich bei Schadensersatzansprüchen (§§ 635 BGB, 13 Nr. 7 VOB/B) ist darüberhinaus von Interesse, ob jener auch *schuldhaft* gehandelt hat, also zumindest die übliche Sorgfalt außer Acht gelassen hat.

Beispiel	Wird ein Bauunternehmer von seinem Bauherrn mit Nachbesserungsansprüchen konfrontiert, so entgegnet er darauf häufig, er sei an dem aufgetretenen Mangel nicht schuld.

Dieser Einwand ist rechtlich völlig bedeutungslos. Es genügt nachzuweisen, daß der Mangel auf seine Arbeit zurückzuführen ist, um seine entsprechende Verpflichtung zu begründen. Dies ist eine Folge des § 4 Nr. 2 Abs. 1 VOB/B, wonach der Auftragnehmer die Leistung *unter eigener Verantwortung* nach dem Vertrag auszuführen hat. |

2.4.2 Bedeutung der Beweislast

Beweislast	Oft wird es schwer sein herauszufinden, ob der Auftragnehmer den an der Leistung vorhandenen Mangel herbeigeführt hat oder ob außerhalb liegende Ursachen dafür in Frage kommen. Im Zusammenhang mit diesen Problemen stellt sich stets die Frage, wie dies nachgewiesen werden kann und wen das Risiko des fehlenden Nachweises trifft. Darin liegt die Bedeutung der *Beweislast*. Bleibt eine Tatsache streitig, obgleich darüber Beweis erhoben worden ist, so ist dies für denjenigen von Nachteil, der daraus eine günstige Rechtsfolge ableiten könnte. Dabei ist davon auszugehen, daß im Falle eines Rechtsstreits jede Partei die ihr günstigen Sachverhaltsmerkmale beweisen muß.

Im Bauprozeß über die Verantwortlichkeit für Mängel, wo es in weit überwiegendem Maße um Sachfragen geht, spielt die Beweislast insofern eine große Rolle, als der Richter aus dem Vortrag der beiden Parteien herausfinden muß, wie sich das Baugeschehen im einzelnen abgespielt hat. Bleiben danach gewisse Punkte unklar, dann wird er die angebotenen Beweise erheben. Ist dann der Sachverhalt immer noch nicht geklärt, gilt es festzustellen, wer dafür den Beweis erbringen müßte. Zu dessen Lasten geht die Beweislosigkeit, er wird in der Regel den Prozeß verlieren.

2.4.3 Nachweis der Kausalität

Im Rahmen der Beweislast für das Vorhandensein und die Ursache von Mängeln ist die Abnahme ein ganz entscheidendes Ereignis:

Kapitel 3: Wirkungen der Abnahme

Vor Abnahme: Beweislast liegt beim Auftragnehmer	*Bis zur Abnahme* ist der Auftragnehmer verpflichtet, seine Bauleistung zu erfüllen. Solange nicht abgenommen ist, hat er nicht erfüllt. Behauptet er, das sei dennoch der Fall, so muß er dies, weil für ihn günstig, auch beweisen, wenn es zu einem Rechtsstreit kommt. Dies gilt auch für die Vertrags- und Ordnungsmäßigkeit seiner Werkleistung.
Beispiel	Der Auftragnehmer stellt eine Abschlagsrechnung für erbrachte Teilleistungen; der Auftraggeber kürzt diese in angemessenem Umfang mit dem Argument, die Leistung sei mangelhaft. Es folgt eine „Mängelliste", in der alles im einzelnen niedergelegt ist.
	Der Auftragnehmer verklagt seinen Bauherrn auf Zahlung des Kürzungsbetrages. Jener beantragt Klageabweisung unter Hinweis auf den Mängelkatalog und sein Zurückbehaltungsrecht gem. § 320 BGB.
	Da noch keine Abnahme stattgefunden hat, muß der klagende Auftragnehmer beweisen (durch Augenschein oder Sachverständigengutachten), daß seine Leistung bis dahin vertragsgemäß und mangelfrei ist und daß er dementsprechend seine Abschlagsrechnung aufstellen durfte. Oder er muß dartun und nachweisen, daß die Mängel durch andere Ereignisse hergerufen worden sind, für die er nicht verantwortlich ist (§ 7 VOB/B). Gelingt ihm dieser Nachweis, wird der Auftraggeber zwar auch zur Zahlung verurteilt, jedoch Zug um Zug gegen ordnungsgemäße Erfüllung, d.h. also Nachbesserung durch den Auftragnehmer (§ 322 BGB).
nach Abnahme: Beweislast liegt beim Auftraggeber	*Nach der Abnahme* und der damit ausgesprochenen Anerkennung, die Leistung sei in der Hauptsache ordnungsgemäß erbracht, kehrt sich diese Beweislast um. Wenn jetzt der Auftraggeber behauptet, es seien nachträglich Mängel aufgetreten, die auf die Arbeit des Auftragnehmers zurückzuführen seien, dann muß er beweisen, daß es sich um einen Mangel i.S. von § 631 Abs. 1 BGB, § 13 Nr. 1 und 2 VOB/B handelt und daß dieser vom Auftragnehmer (infolge unsorgfältiger Arbeit oder sonstiger Gründe) verursacht worden sei.
Beispiel	Nach Abnahme, aber noch vor Ablauf der Gewährleistungsfrist, teilt der Auftraggeber dem Auftragnehmer mit, an der Bauleistung seien folgende Mängel aufgetreten (es folgt eine ausführliche Aufzählung). Dies habe er zu verantworten; er werde gebeten, binnen 2 Wochen nachzubessern. Der Auftragnehmer gibt darauf keine Antwort. Nach Fristablauf läßt der Auftraggeber von einer anderen Firma die Mängel beheben und verklagt den Auftragnehmer auf Zahlung der hierfür aufgewendeten Kosten. Im Prozeß bestreitet jener die Mangelhaftigkeit und eine Verursachung auftragnehmerseits.

Der Auftraggeber muß beweisen, daß die Leistung mangelhaft ist *und* daß die Tätigkeit des Auftraggebers dafür kausal war. Gelingt ihm dies, wird seine Klage Erfolg haben. Kann er den Nachweis nicht erbringen, wird die Klage abgewiesen.

Diese Beweislastverteilung gilt auch für Mängel, die bei der Abnahme (nochmals) festgestellt und im Protokoll vorbehalten werden. Wird trotzdem abgenommen (etwa weil es sich um „unwesentliche" Mängel handelt), so hat der Auftraggeber die Beweislast für das Vorhandensein und die Ursache. Allerdings ist seine Position insofern günstiger, als er bei der nachfolgenden Schlußzahlung einen entsprechenden Teilbetrag vorerst einbehalten kann. Weigert sich der Auftragnehmer nachzubessern, wird der Auftraggeber dies auf seine Kosten vornehmen lassen (§ 13 Nr. 5 Abs. 2 VOB/B). Wenn der Auftragnehmer dennoch seine gesamte Restvergütung will, muß er den Auftraggeber erst dahingehend verklagen. Dieser rechnet dann mit seinem Erstattungsanspruch nach § 13 Nr. 5 Abs. 2 VOB/B auf, dessen Voraussetzungen er jedoch beweisen muß.

Lehnt dagegen der Auftraggeber die Abnahme wegen wesentlicher Mängel ab, dann muß der Auftragnehmer beweisen, daß seine Leistung ordnungsgemäß erbracht worden ist bzw. daß die vorhandenen Mängel auf einen der in § 7 VOB/B aufgeführten Gründe beruhen.

Zurückbehaltungsrecht gem.
§§ 273, 320 BGB

Aufrechnung

2.4.4 Literatur und Rechtsprechung

Aufsätze

Locher: Zur Beweislast des Architekten; BauR 1974, S. 293

Ganten: Kriterien der Beweislast im Bauprozeß; BauR 1977, S. 162

Urteile

BGH vom 12.10.1967 VII ZR 8/65
Zur Frage der Beweislast im Fall des § 635 BGB
BGH Z 48, S. 310; NJW 1968, S. 43; VersR 1967, S. 1194; MDR 1968, S. 141; JZ 1968, S. 23

BGH vom 24.06.1968, VII ZR 43/66
Der Auftragnehmer muß die Voraussetzungen für die Anwendung des § 7 Nr. 1 VOB/B darlegen und beweisen.
Schäfer-Finnern Z 2.413, Bl. 34; MDR 1968, S. 833; BB 1968, S. 889; DB 1968, S. 1399

BGH vom 04.06.1973, VII ZR 112/71
Mit der Abnahme geht die Gefahr auf den Besteller über (§ 644 Abs. 1 BGB) und die Beweislast für die vertragsgerechte Erfüllung kehrt sich zu seinen Lasten um, weil er von nun an das Vorhandensein von Mängeln zu beweisen hat.
BGHZ 61, S. 42 (47); BauR 1973, S. 313 (316); BB 1973, S. 1002;
DB 1973, S. 1598; Schäfer-Finnern Z 2.414, Bl. 308 (311)

BGH vom 25.10.1973, VII ZR 181/72
Über die Verteilung der Beweislast zwischen Bauherrn und Architekten bei der Geltendmachung von Bauwerksmängeln.
VersR 1974, S. 261; BauR 1974, S. 63

2.5 Erhaltung von Gewährleistungsansprüchen

Vorbehalt wegen bekannter Mängel

Wie bereits mehrfach erwähnt, kann der Auftraggeber seine Gewährleistungsrechte wegen bereits bekannter Mängel nur dadurch erhalten, daß er sich diese bei der Abnahme vorbehält. Dieser in § 640 Abs. 2 BGB niedergelegte Grundsatz ist auch auf den VOB-Vertrag übertragbar. Dort findet sich zwar keine generelle Regelung hierzu, doch lassen § 12 Nr. 4 Abs. 1 Satz 4 und Nr. 5 Abs. 3 VOB/B erkennen, daß die BGB-Vorschrift auch für den VOB-Vertrag Gültigkeit hat.

2.5.1 „Vorbehalt" wegen bekannter Mängel

Der „Vorbehalt" ist eine Willenserklärung im Rechtssinne, d.h. der Auftragnehmer als Adressat muß davon Kenntnis erlangt haben. Formvorschriften gibt es dabei nur für die „förmliche Abnahme", denn „in die Niederschrift sind etwaige Vorbehalte wegen bekannter Mängel ... aufzunehmen". Sonst aber genügt auch ein mündlicher Hinweis, der *bei der Abnahme* auszusprechen ist. Kommt es allerdings zu einem Prozeß und behauptet der Auftragnehmer, ein Vorbehalt bezüglich des bekannten Mangels sei nicht erhoben worden, so hat der Auftraggeber darüber den Beweis zu erbringen. Gelingt ihm dieser Nachweis nicht, z.B.

Beweislast

weil sich die benannten Zeugen nicht mehr erinnern können, dann muß das Gericht davon ausgehen, daß er in Kenntnis des Mangels abgenommen hat. Die in § 640 Abs. 2 BGB genannten Rechte stehen ihm deshalb nicht zu.

wichtiger Hinweis

Diese Ausführungen sollen daher wiederum ein Plädoyer für die förmliche Abnahme sein. Der Beweis ist nämlich in diesem Falle schon mit der Vorlage des Protokolls erbracht.

Inhaltlich muß aus der Vorbehaltserklärung ersichtlich sein, daß der Auftraggeber *insoweit* mit der Leistung unzufrieden ist, sie nicht anerkennt, seine Recht wahren oder noch geltend machen will u.ä. Das Wort „Vorbehalt" muß dabei nicht ausdrücklich gebraucht worden sein.

2.5.2 Umfang des Gewährleistungsausschlusses

Hat der Auftraggeber bei Abnahme den Vorbehalt wegen bekannter Mängel unterlassen, dann ist er trotzdem nicht mit allen seinen Ansprüchen ausgeschlossen, sondern nur mit den in §§ 633, 634 BGB aufgezählten. Das sind lt. BGB die Rechte auf Nachbesserung, Wandelung und Minderung. Im Bereich der VOB/B, wo diese Bestimmung ja ebenfalls gilt, bedeutet dies einen Ausschluß der Nachbesserung (§ 13 Nr. 5) und der Minderung (§ 13 Nr. 6). Der Grundgedanke dieser Regelung liegt darin, daß der Auftraggeber, der das Werk in Kenntnis der Mangelhaftigkeit abnimmt, damit zu erkennen gegeben hat, der Mangel sei für ihn nicht ausschlaggebend, er nehme die Erfüllung auch in diesem Zustand entgegen. Damit – so vermutet das Gesetz – verzichtet er auf die hauptsächlichen Gewährleistungsrechte.

Kapitel 3: Wirkungen der Abnahme

Weiterbestehen der Schadensersatzansprüche

Dagegen bestehen die daraus erwachsenen Schadensersatzansprüche gem. § 635 BGB bzw. § 13 Nr. 7 VOB/B weiterhin, es sei denn, daß der Auftraggeber auch hierauf erkennbar verzichtet hat. Das bedeutet also nichts anderes, als daß der Auftragnehmer trotz rügeloser Abnahme durch den Auftraggeber für die Beseitigung der bekannten Mängel aufkommen muß, wenn diese auch einen „Schaden" im Rechtssinne darstellen. Dieses Ergebnis ist von der Rechtsprechung eindeutig bestätigt worden, wenn es auch von rechtswissenschaftlichen Autoren jetzt noch in Zweifel gezogen wird.

Auch wenn der Auftraggeber also im Wege des Schadensersatzes, wirtschaftlich gesehen, dasselbe Ergebnis wie bei der Nachbesserung oder Minderung erreichen kann, ist doch seine Rechtsposition erheblich schlechter. Er muß nämlich bei Verfolgung des Schadensersatzanspruches nicht nur nachweisen, daß der Auftragnehmer den Mangel durch seine Arbeit *verursacht* hat, sondern überdies, daß er dabei *schuldhaft*, also zumindest fahrlässig, *gehandelt* hat. Er hat genau darzulegen, daß der Unternehmer die ihm zumutbare Sorgfaltspflicht verletzt, Regeln der Technik

Nachweis des Verschuldens

mißachtet oder vertragliche Festsetzungen umgangen hat. Ferner hat er aufzuzeigen, daß ihm dadurch ein „Schaden" entstanden ist. Das führt zu einem weitgehenden Ausschluß der sog. „Schönheitsmängel", die ja nur in den seltensten Fällen auch eine Wertminderung mit sich bringen.

Allerdings muß hier noch ein wichtiger Grundsatz des Schadensersatzrechts modifiziert werden: Der Schadensersatz geht in der Regel auf Geldersatz, weil es sich ja normalerweise um Folgen aus der Mangelhaftigkeit handelt, während die Herstellung des ordnungsgemäßen Zustandes primär bereits bei der Nachbesserung vorgenommen wird.

Beispiel

Der Auftragnehmer hat beim Bau einer Gasleitung den Rohrgraben nicht wie vorgeschrieben mit Sand, sondern mit Kies und Abraum verfüllt. Dadurch werden die von einer anderen Firma verlegten Stahlrohre beschädigt und Gas tritt aus, der Verbrauch an Gas steigt unangemessen hoch an.

Der Auftragnehmer hat als Schadensersatz die Kosten für die Mängelfeststellung zu tragen (Aufgrabung durch einen Gasspurtrupp), für die Ausbesserung der Gasleitung sowie für den nutzlosen Mehrverbrauch. Ferner muß er im Wege der Nachbesserung die Leitung freilegen und wieder ordnungsgemäß verfüllen.

In diesem Beispielfalle muß ihm aber aus Gründen der Schadensminderung, zu der der Auftraggeber verpflichtet ist, zugestanden werden, daß er auch die Rohre selbst ausbessert oder neu verlegt, wenn sein Betrieb auf solche Arbeiten eingerichtet ist.

Dadurch kann er nämlich die Aufwendungen, die er zu tragen hat, niedriger halten, als wenn eine andere Firma beauftragt wird und er die dadurch entstehenden Kosten übernehmen muß.

Schadensersatz durch Wiederherstellung des ordnungsgemäßen Zustandes

Dieses Ergebnis ist auf die „ausgeschlossene" Nachbesserung, die jedoch als Schadensersatz geltend gemacht wird, zu übertragen: Bietet der Auftragnehmer anstelle des Schadensersatzes in Geld dem Auftraggeber eine Nachbesserung des Mangels an, so muß dieser darauf eingehen. Voraussetzung ist jedoch, daß die Nachbesserung dann auch sachgerecht und unverzüglich ausgeführt wird.

Abgesehen davon, daß eine solche Handhabung dem Bedürfnis der Praxis am ehesten entspricht, läßt sie sich auch aus dem System der Gewährleistungsvorschriften begründen: Grundlegender und vorrangiger Gewährleistungsanspruch ist die Nachbesserung, weil sie dem Ziel der Baumaßnahme, der mängelfreien Herstellung, am nächsten kommt. Wird diese dem Auftraggeber angeboten, so muß er sie in seinem eigenen Interesse annehmen.

Natürlich kann er sie dann ablehnen, wenn die Mängel so schwerwiegend oder zahlreich sind, daß das Vertrauen in Fach- und Sachkunde – auch bei objektiver Würdigung – so nachhaltig erschüttert ist, daß eine Nachbesserung durch diesen Auftragnehmer für den Auftraggeber schlechterdings unzumutbar ist. Das gilt vor allem bei Mängeln, die ausschließlich auf Verstoß gegen technische Regeln oder auf unsachgemäße Arbeit zurückzuführen sind, weniger für solche, die bereits auf der Ausschreibung, auf den beigestellten Stoffen oder auf Vorleistungen anderer Unternehmen beruhen und bei denen der Auftragnehmer den nach § 4 Nr. 3 VOB/B erforderlichen Hinweis unterlassen hat.

2.5.3 Vorbehalt und Beweislast

Im Falle eines Rechtsstreits hat der Auftragnehmer, der den Gewährleistungsausschluß geltend macht, nachzuweisen, daß der Auftraggeber in Kenntnis des Mangels die Abnahme durchgeführt hat. Diese Kenntnis ist nur dann gegeben, wenn der Auftraggeber positiv weiß, durch welchen Fehler der Wert

Kenntnis des Mangels bei Abnahme	oder die vertragsgemäße Tauglichkeit beeinträchtigt oder gar aufgehoben wird. Das bedeutet, daß er den Tatbestand kennt und daraus den Schluß zieht, Wert oder Tauglichkeit würden dadurch eingeschränkt. Bloßes „Kennen-müssen", z. B. wegen Offensichtlichkeit des Mangels, reicht also nicht aus, um die Rechtsfolge des § 640 Abs. 2 BGB herbeizuführen. Da allein der Auftraggeber die Abnahme vornehmen darf, muß *er* diese Kenntnis haben. Der Auftragnehmer kann sich also nicht darauf berufen, daß der Architekt oder der örtliche Bauleiter von der Mangelhaftigkeit gewußt habe, es sei denn, daß jener auch ausdrücklich bevollmächtigt war, die rechtsgeschäftliche Abnahme vorzunehmen.
wichtiger Hinweis	Ist der Mangel aber so offensichtlich und gravierend, daß ihn der Auftraggeber auch in seinen Folgen unmöglich übersehen konnte, dann wird der Richter an den durch den Auftragnehmer zu erbringenden Beweis keine allzu hohen Anforderungen stellen, sondern den gegenteiligen Sachvortrag des Bauherrn, er habe davon nichts gewußt, als unglaubwürdig ansehen. Dies gilt insbesondere für einen fachkundigen Auftraggeber, z. B. für eine Bauverwaltung der öffentlichen Hand, eine Wohnungsbaugesellschaft o. ä.. Denn die richterliche Überzeugung bildet sich nicht nur am abstrakten Schema: Tatsachenbehauptung – Bestreiten – Beweisführung, sondern auch an der Wahrheit und der Logik des Parteivortrages.

Doch sind die o. g. Fälle als seltene Ausnahmen zu betrachten.

2.5.4 Literatur und Rechtsprechung

Aufsätze

Jagenburg: Geldersatz für Mängel trotz vorbehaltloser Abnahme? BauR 1974, S. 361

Peters: Schadensersatz wegen Nichterfüllung bei vorbehaltloser Abnahme einer als mangelhaft erkannten Werkleistung; NJW 1980, S. 750

Festge: Führt die vorbehaltlose Abnahme einer als mangelhaft erkannten Werkleistung doch zum Verlust von Schadensersatzansprüchen wegen der Mängel? BauR 1980, S. 432

Urteile

BGH vom 08.11.73, VII ZR 86/73
Nimmt der Besteller ein mangelhaftes Werk ab, obgleich er den Mangel kennt, so kann er Schadensersatz wegen des Mangels nur noch in Geld verlangen (Amtlicher Leitsatz).
BGH Z 61, S. 369; NJW 1974, S. 143; BauR 1974, S. 59; DB 1973, S. 2312;
VersR 1974, S. 292; WM 1974, S. 36

OLG Köln vom 05.04.77, 15 U 143/76
Hat der Auftraggeber den Anspruch auf Nachbesserung bzw. auf Ersatz der Nachbesserungskosten (§§ 633 BGB, 13 Nr. 5 VOB/B) verloren, weil er sich diesen Anspruch trotz Kenntnis des Mangels bei der Abnahme nicht vorbehalten hat (§ 640 BGB), so kann er gleichwohl im Wege des Schadensersatzes Ersatz der Nachbesserungskosten verlangen. Das gilt nicht nur gem. § 635 BGB für den BGB-Werkvertrag, sondern auch gemäß § 13 Nr. 7 VOB/B bei Bauverträgen, denen die VOB zugrunde liegt.
Der Auftraggeber muß jedoch, auch wenn er selbst infolge der vorbehaltlosen Abnahme der Werkleistung Nachbesserung wegen eines bekannten Mangels nicht mehr verlangen kann, die Nachbesserung des Auftragnehmers hinnehmen, wenn dieser sie in rechter Weise anbietet.
Schäfer-Finnern Z 2.414.1 Bl. 17 (vgl. dazu auch die Anmerkung von Hochstein, Bl. 19)

BGH vom 12.06.75, VII ZR 55/73
1. .....

2. Ein Schadensersatzanspruch wegen verspäteter Fertigstellung wird nicht dadurch ausgeschlossen, daß eine dafür ausbedungene Vertragsstrafe mangels Vorbehalts bei der Abnahme nicht mehr gefordert werden kann.
BauR 1975, S. 344; NJW 1975, S. 1701; BB 1975, S. 990; MDR 1975, S. 835; Schäfer-Finnern Z 2.502, Bl. 8

BGH vom 28.06.78, VIII ZR 112/77
Kenntnis und schuldhafte Unkenntnis des Käufers von einem Sachmangel finden auf Schadensersatzansprüche wegen Gewährleistung nur nach Maßgabe des § 460 BGB Berücksichtigung; für eine Heranziehung des § 254 Abs. 1 BGB ist daneben kein Raum.
NJW 1978, S. 2240; MDR 1978, S. 924; BB 1978, S. 1138; DB 1978, S. 1779

BGH vom 12.05.1980, VII ZR 228/79
Die vorbehaltlose Abnahme des Werkes (§ 640 Abs. 2 BGB) läßt den Schadensersatzanspruch aus § 635 BGB und § 13 VOB/B unberührt, und zwar auch insoweit, als es sich um Mängelbeseitigungskosten handelt (Amtlicher Leitsatz).
BauR 1980, S. 460; NJW 1980, S. 1952; BB 1980, S. 1124

2.6 Abnahme und Vorbehalt der Vertragsstrafe

2.6.1 Gesetzliche Grundlagen

Eine weitere Rechtswirkung der Abnahme, die sich unmittelbar aus dem BGB und der VOB ergibt, ist die Verwirkung und die Fälligkeit einer evtl. vereinbarten Vertragsstrafe.

So sagt § 341 BGB:
„Hat der Schuldner die Strafe für den Fall versprochen, daß er seine Verbindlichkeit nicht in gehöriger Weise, insbesondere nicht zu der bestimmten Zeit, erfüllt, so kann der Gläubiger die verwirkte Strafe neben der Erfüllung verlangen.

Steht dem Gläubiger ein Anspruch auf Schadensersatz wegen der nicht gehörigen Erfüllung zu, so finden die Vorschriften des § 340 Abs. 2 Anwendung.

Nimmt der Gläubiger die Erfüllung an, so kann er die Strafe nur verlangen, wenn er sich das Recht dazu bei der Abnahme vorbehält."

Dementsprechend heißt es in § 11 VOB/B:
„1. Wenn Vertragsstrafen vereinbart sind, gelten die §§ 339 – 345 BGB.

2. Ist die Vertragsstrafe für den Fall vereinbart, daß der Auftragnehmer nicht in der vorgesehenen Frist erfüllt, so wird sie fällig, wenn der Auftragnehmer in Verzug gerät.

3. Ist die Vertragsstrafe nach Tagen bemessen, so zählen nur Werktage, ist sie nach Wochen bemessen, so wird jeder Werktag angefangener Woche als ⅙ Woche gerechnet.
4. Hat der Auftraggeber die Leistung abgenommen, so kann er die Strafe nur verlangen, wenn er dies bei der Abnahme vorbehalten hat."

2.6.2 Bedeutung der Vertragsstrafe in Bauaufträgen

Aus den zitierten Bestimmungen ergibt sich, daß eine Vertragsstrafe nur dann anfallen kann, wenn beide Parteien dies vorher ausdrücklich vereinbart haben. Es genügt also nicht, lediglich pauschal die VOB/B zum Vertragsinhalt zu machen, sondern die Vertragspartner müssen *außerdem* eine Absprache getroffen haben, daß für den Fall nicht rechtzeitiger Erfüllung eine Konventionalstrafe erhoben wird. Dies ergibt sich ganz eindeutig aus dem Wortlaut des § 11 Nr. VOB/B: „Wenn Vertragsstrafen vereinbart sind, ..."

spezielle Vereinbarung der Vertragsstrafe

In Bauaufträgen gibt es praktisch *nur* die Vertragsstrafe für den Fall der *verspäteten Herstellung*. Diese setzt voraus, daß die verbindliche Fertigstellungsfrist oder genau festgelegte Zwischenfristen überschritten werden *und* daß der Auftragnehmer dabei in Verzug geraten ist. Letzteres bestimmt sich nach den §§ 284, 285 BGB, d. h. der Auftragnehmer muß die Fristüberschreitung zu vertreten haben (= Verschulden) *und* er ist nach Eintritt dieser Verzögerung vom Auftraggeber gemahnt worden. Nur wenn die Frist durch feste Daten *bestimmt ist*, bedarf es keiner Mahnung (§ 284 Abs. 2 BGB). Ist sie dagegen lediglich *bestimmbar*, d. h. berechenbar, so muß gemahnt werden, um Verzug herbeizuführen.

Kapitel 3: Wirkungen der Abnahme

Beispiele

1. Im Vertrag ist gesagt: „Die Leistung ist bis zum 23.10.81 fertigzustellen."

   Mit dem 24.10.81 kommt der Auftragnehmer in Verzug, wenn er seine Arbeiten schuldhafterweise noch nicht abgeschlossen hat.

2. Der Vertrag enthält die Bestimmung: „Mit den Arbeiten ist am 15.04.81 zu beginnen, sie sind innerhalb von 100 Werktagen durchzuführen".

   Der Auftragnehmer müßte bis 19.08.81 fertig sein, was er selbst nach dem Kalender ausrechnen kann. Trotzdem gerät er bei schuldhafter Überschreitung dieses Termins nicht in Verzug, wenn ihn der Auftraggeber nicht zusätzlich nach diesem Tag auch noch eine Mahnung hat zukommen lassen.

Zweck der Vertragsstrafe

Nach allgemeiner Auffassung hat die Vertragsstrafe, die bei nicht rechtzeitiger Erfüllung angedroht wird, eine Doppelfunktion:

(1) Sie ist *Druckmittel* für den Auftragnehmer und soll ihn zwingen, alles zur alsbaldigen Fertigstellung zu tun, damit sich die Forderung des Auftraggebers in Grenzen hält.

(2) Sie ist „*pauschalierter*" *Schadensersatz*, den der Auftraggeber ohne Einzelnachweis beanspruchen kann. Logischerweise besagt § 341 Abs. 2 BGB unter Hinweis auf § 340 Abs. 2 BGB, der Gläubiger (Auftraggeber) könne die verwirkte Strafe als Mindestbetrag verlangen, wenn ihm ein Anspruch auf Schadensersatz zustehe. Das bedeutet, daß Schadensersatz und Konventionalstrafe nicht kumulativ nebeneinander gefordert werden dürfen. Der Auftraggeber hat vielmehr ein Wahlrecht, je nachdem was für ihn günstiger ist.

Beispiel

Infolge schuldhafter Bauzeitüberschreitung durch den Auftragnehmer ist dem Auftraggeber ein Schaden in Höhe von 10.000 DM entstanden (z. B. weil er das Gebäude drei Monate lang nicht vermieten kann und selbst auch hohe Miete für diese Zeit zahlen muß). Die angefallene Vertragsstrafe für drei Monate beträgt 9.000.- DM (100.- DM pro Tag).

Der Auftraggeber wird sich nur dann für den Schadensersatz gem. § 6 Nr. 6 VOB/B in Höhe von 10.000.- DM entscheiden, wenn er glaubt nachweisen zu können, daß der Auftragnehmer in Verzug war und ihm selbst dadurch im einzelnen diese Nachteile entstanden sind. Dagegen genügt es bezüglich der Vertragsstrafe, Eintritt des Verzugs und Zeitablauf zu beweisen, was wesentlich einfacher sein dürfte.

2.6.3 Vorbehalt bei Abnahme

Erklärung des Vorbehalts

Eine ganz spezielle Voraussetzung für die Geltendmachung der Vertragsstrafe enthält § 341 Abs. 2 BGB, § 11 Nr. 4 VOB/B. Danach muß der Auftraggeber *bei der Abnahme* ausdrücklich oder sinngemäß *erklären*, er werde die Vertragsstrafe auch wirklich beanspruchen. Nur so ist der diesbezügliche „Vorbehalt bei Abnahme" zu verstehen.

wichtiger Hinweis

Eine *frühere oder spätere* Erklärung dieses Vorbehalts ist *nicht* möglich. Allerdings kann im Vertrag (auch durch allgemeine Geschäftsbedingungen) vereinbart werden, daß die Erhebung der Vertragsstrafe nicht von der Vorbehaltserklärung abhängig sein solle. In diesem Falle ist der unterlassene Vorbehalt unschädlich, eine Konventionalstrafe kann trotzdem verlangt werden.

Zeitpunkt der Erklärung des Vorbehalts

„Bei der Abnahme" (§ 11 Nr. 4 VOB/B) besagt eindeutig, daß der Vorbehalt unmittelbar während der Durchführung dieser Handlung zu erfolgen hat. Deshalb genügt es nicht, wenn bei einer erklärten Abnahme in dieser Hinsicht nichts gesagt wird, dagegen in einem später angefertigten Protokoll des Auftraggebers plötzlich von einem „Vertragsstrafe-Vorbehalt" die Rede ist. Anders verhält es sich jedoch bei der „förmlichen Abnahme": Wird über das Ergebnis vereinbarungsgemäß eine Niederschrift angefertigt, die von beiden Vertragspartnern unterschrieben werden muß, so genügt es, den Vorbehalt vor der Unterzeichnung zu vermerken; denn die Protokollierung ist Bestandteil der förmlichen Abnahme, also ist der darin mitaufgenommene Vorbehalt „bei Abnahme erklärt". Allerdings müssen die Leistungsprüfung und die Protokollanfertigung noch in einem engen zeitlichen Zusammenhang stehen.

Beispiele

Der Auftragnehmer verlangt eine Abschlagszahlung von 50.000.- DM und reicht dementsprechende Unterlagen ein. Der Auftraggeber zahlt nur 40.000.- DM aus und gibt als Begründung an, die Bauzeit sei aus Verschulden des Auftragnehmers überschritten; zwischenzeitlich sei eine Vertragsstrafe in Höhe von 10.000.- DM angefallen, mit der er aufrechne. Später, bei der Abnahme, versäumt es der Auftraggeber, einen Vorbehalt wegen der Vertragsstrafe zu erheben. Mit der Schlußrechnung fordert der Auftragnehmer seine Vergütung einschl. der einbehaltenen Vertragsstrafe. Zu Recht?

Die erklärte Aufrechnung vor Abnahme befreit den Auftraggeber nicht von seiner Vorbehaltspflicht nach § 11 Nr. 4 VOB/B. Kommt er dieser bei Abnahme nicht nach, geht sein Anspruch verloren. Der Auftraggeber muß hier also die volle Vergütung zahlen.

Anders wäre es nur, wenn der Auftraggeber zu diesem Zeitpunkt bereits die angefallene Vertragsstrafe einklagen würde, also ein Prozeß anhängig wäre. Dies ist wie eine „permanente Vorbehaltserklärung" zu werten, die auch zur Zeit der Abnahme erhoben ist.

Bei diesen beiden Beispielen handelt es sich – wenn auch stark vereinfacht – um Fälle, die der Bundesgerichtshof entschieden hat.

Das Erfordernis des Vorbehalts hat den Sinn, daß sich der Auftraggeber nochmals Gedanken darüber machen soll, ob er die vom Auftragnehmer verschuldete Bauzeitverlängerung als so schwerwiegend ansieht, daß er die dafür vereinbarte Sanktion wirklich eintreten lassen will.

2.6.4 Form und Adressat des Vorbehalts

Es ist nicht notwendig, daß der Auftraggeber das Wort „Vorbehalt" verwendet, um sich sein Recht auf die Vertragsstrafe zu erhalten. Es muß sich nur erkennbar aus seiner Erklärung ergeben, daß er insoweit seine Rechte wahrnehmen will. Der Vorbehalt bei der Abnahme unterliegt keiner Formvorschrift, kann also *auch mündlich* erfolgen. Nur bei der förmlichen Abnahme hängt seine Wirksamkeit davon ab, daß er in das Abnahmeprotokoll aufgenommen wird. Ist dies unterblieben, dann ist er auch nicht erklärt.

Die Vorbehaltserklärung kann *nur gegenüber dem Unternehmer selbst* oder, bei Personen- oder Kapitalgesellschaften, gegenüber dem vertretungsberechtigten Gesellschafter, Prokuristen, oder sonstigen Bevollmächtigten abgegeben werden. Es genügt nicht, wenn dies z. B. gegenüber dem Polier oder dem Firmenbauleiter erfolgt, weil jene regelmäßig nicht zur Entgegennahme derartiger Erklärungen berechtigt sind. Ist bei der Abnahme für den Auftragnehmer niemand zugegen, der eine solche Erklärung akzeptieren darf, so muß diese gesondert dem Berechtigten zugeleitet werden.

2.6.5 Vorbehaltserklärung durch den Architekten

Die Erklärung des Vertragsstrafenvorbehalts steht allein demjenigen zu, der die Abnahme durchführen muß, also dem Auftraggeber oder seinem Bevollmächtigten (2. Kapitel, Nr. 1.1.2). Deswegen kann der bauleitende Architekt, nur aufgrund seiner generellen Vollmacht, nicht als berechtigt angesehen werden, diese Rechtshandlung für den Auftraggeber vorzunehmen. Denn da es sich um eine Befugnis des Auftraggebers handelt, die nicht seinen technischen, sondern seinen vermögensrechtlichen Interessen zuzuordnen ist, fällt sie nicht in den typischen Geschäftsbereich des Architekten. Insofern müßte ihm eine spezielle Vollmacht erteilt worden sein.

Vorbehalt durch den Architekten ist unwirksam

Hat also ein Architekt oder eine sonstige Hilfsperson des Auftraggebers unberechtigterweise den Vorbehalt erklärt, so ist und bleibt dieser unwirksam, wenn der Auftragnehmer die fehlende Vertretungsmacht rügt. Auch eine nachträgliche Heilung dieses Fehlers durch Genehmigung des Auftraggebers ist nicht möglich, weil es sich hier um ein einseitiges Rechtsgeschäft handelt, bei dem gem. § 180 BGB eine Vertretung ohne Vertretungsmacht absolut unzulässig ist. Hat jedoch der Architekt an der Gestaltung des Bauvertrages und damit auch an der Vereinbarung der Konventionalstrafe teilgenommen, so ist er – im Innenverhältnis – verpflichtet, den Auftraggeber rechtzeitig auf den Vorbehalt aufmerksam zu machen, damit dieser keinen Rechtsverlust erleidet. Der Bundesgerichtshof will darüber hinaus eine entsprechende Hinweispflicht des Architekten sogar dann annehmen, wenn er zwar nicht an der Vereinbarung der Vertragsstrafe mitgewirkt, wohl aber von deren Existenz Kenntnis gehabt hat oder hätte haben müssen.

wichtiger Hinweis

Diese Ansicht erscheint bei kritischer Würdigung der Sachlage zwar etwas weitgehend, entspricht jedoch der allgemeinen, von der Rechtsprechung bestätigten Auffassung und ist damit als bindende Verpflichtung für den Architekten zu betrachten. Einschränkend muß man allerdings anmerken, daß im Einzelfall konkrete Anhaltspunkte gegeben sein müssen, aus denen der Architekt auf die Vereinbarung einer Vertragsstrafe schließen darf. Es genügt nicht die generelle Erfahrung, daß allgemein derartige Absprachen bestehen, um für den konkreten Einzelfall dasselbe anzunehmen. Andererseits kann für den Architekten diese Hinweispflicht entfallen, wenn er aus den näheren Umständen entnehmen darf, der Auftraggeber werde durch eine andere sachkundige Stelle seine diesbezüglichen Rechte prüfen und ggf. wahrnehmen lassen, z. B. durch seinen Rechtsanwalt oder – bei größeren Betrieben – durch seine kaufmännische Abteilung. Für das Vorliegen dieser Umstände hat der Architekt aber die volle Darlegungs- und Beweislast.

2.6.6 Folgen des unterlassenen Vorbehalts

Rechtsfolge bei versäumtem Vorbehalt

Hat es der Auftraggeber versäumt, seinen Vertragsstrafenvorbehalt rechtzeitig geltend zu machen, so ist er nur mit der Konventionalstrafe ausgeschlossen. Dagegen ist er nach wie vor in der Lage, gegen den Auftragnehmer einen Schadensersatzanspruch wegen Verzuges, etwa nach § 6 Nr. 6 VOB/B, geltend zu machen. Die Schwierigkeit für ihn liegt, wie bereits erwähnt, nur darin, daß er für die Höhe des Schadens einen Nachweis erbringen muß, der unter Umständen sehr kompliziert sein kann, während bei der Vertragsstrafe dies nicht nötig wäre. Denn das Gesetz gibt dem Auftraggeber die Möglichkeit zu wählen, ob er nur die Vertragsstrafe als Mindestschaden oder ob er einen (u. U. höheren) Verzugsschaden verlangen will (§ 340 Abs. 2 BGB), der aber meist schwieriger nachweisbar ist.

2.6.7 Literatur und Rechtsprechung

Aufsätze

Beuthien: Pauschalierter Schadensersatz und Vertragsstrafe; Festschrift für Larenz, 1973, S. 495

Kleine-Möller: Die Vertragsstrafe im Bauvertrag; BB 1976, S. 442

Brügmann: Ist der Sonnabend ein Werktag? BauR 1978, S. 22

Urteile

BGH vom 03.11.1960, VII ZR 150/59
1. § 341 Abs. 3 BGB, wonach der Gläubiger die Vertragsstrafe nur verlangen kann, wenn er sich das Recht dazu bei der Abnahme vorbehält, ist eng auszulegen.
2. Gilt mangels einer förmlichen Abnahme nach § 12 Nr. 4 VOB/B die Abnahme der Leistung 6 Werktage nach Beginn der Benutzung als erfolgt, so kann der Vorbehalt wegen einer verwirkten Vertragsstrafe innerhalb dieser 6 Werktage erklärt werden (amtlicher Leitsatz).

BGH Z 33, S. 236; Schäfer-Finnern Z 2.411, Bl. 11; NJW 1961, S. 115; MDR 1961, S. 46

OLG Düsseldorf vom 26.01.1962, 5 U 9/58
Unterläßt der Auftragnehmer die nach § 6 Nr. 1 VOB/B vorgeschriebene Anzeige über die Behinderung der ordnungsgemäßen Durchführung seiner Leistungen und macht der Auftraggeber gemäß §§ 11 Nr. 2, 12 Nr. 5 Abs. 3 VOB/B seinen Vorbehalt hinsichtlich der Vertragsstrafe bei der Abnahme geltend, so wird diese fällig.
Schäfer-Finnern Z 2.300, Bl. 14

BGH vom 25.01.1973, VII ZR 149/72
Der Vorbehalt, eine Vertragsstrafe zu verlangen, muß unmittelbar bei der Abnahme erklärt werden.
BauR 1973, S. 192; Schäfer-Finnern Z 2.411, Bl. 50

BGH vom 29.11.1973, VII ZR 205/71
Wird über das Ergebnis der Abnahme vereinbarungsgemäß eine Niederschrift gefertigt, die von beiden Parteien unterzeichnet werden muß, so ist das Erfordernis eines Vorbehalts von Vertragsstrafansprüchen gewahrt, wenn der Auftraggeber den Vorbehalt vor der Unterzeichnung in der Niederschrift vermerkt. Die Unterschriftsleistung ist jedenfalls dann Teil der Abnahme, wenn Baustellenbesichtigung und Fertigung der Niederschrift in engem zeitlichen Zusammenhang stehen.
BauR 1974, S. 206; Schäfer-Finnern Z 2.502, Bl. 1

BGH vom 24.05.1974, V ZR 193/72
Eines Vorbehalts bei der Abnahme der Leistung, die Vertragsstrafe zu verlangen, bedarf es nicht, wenn in diesem Zeitpunkt der Anspruch im Prozeßweg verfolgt wird (Abweichung von Reichsgericht JW 1911, S. 400 Nr. 8).
BGH Z 62, S. 328; BauR 1975, S. 55; NJW 1974, S. 1324; MDR 1974, S. 919;
BB 1974, S. 906

BGH vom 01.04.1976, VII ZR 122/74
Eine Vertragsstrafe kann durch Allgemeine Geschäftsbedingungen, die Bestandteil eines Bauvertrages sind und durch die VOB/B ergänzt werden, wirksam ausbedungen und der Höhe nach durch einen Teilbetrag der Auftragssumme (hier: 0,3 % pro Arbeitstag) bestimmt werden.
Schäfer-Finnern Z 2.411, Bl. 70; BauR 1976, S. 279; MDR 1976, S. 834; DB 1976, S. 1148

BGH vom 10.02.1977, VII ZR 17/75
1. Ist die Werkleistung abgenommen, muß der Auftraggeber zur schlüssigen Begründung seines Vertragsstrafenanspruchs vortragen, sich die Vertragsstrafe rechtzeitig vorbehalten zu haben.

2. Der Auftraggeber kann die Vertragsstrafe nur verlangen, wenn er sie sich bei der Abnahme vorbehalten hat; ein früherer oder späterer Vorbehalt genügt nicht.

3. Ob bei einer schon vor der Abnahme erklärten Aufrechnung mit dem Vertragsstrafanspruch ein späterer Vorbehalt bei der Abnahme entbehrlich ist, bleibt offen.
Schäfer-Finnern Z 2.502, Bl. 11; BauR 1977, S. 280; NJW 1977, S. 897; MDR 1977, S. 571; BB 1977, S. 571

BGH vom 12.10.1978, VII ZR 139/75
In Bauverträgen kann durch Allgemeine Geschäftsbedingungen vereinbart werden, daß der Besteller sich eine Vertragsstrafe nicht schon bei der Abnahme vorbehalten muß, daß er sie vielmehr noch bis zur Schlußzahlung geltend machen darf.
BauR 1979, S. 56; NJW 1979, S. 212; BB 1979, S. 69; MDR 1979, S. 220; DB 1979, S. 1740

2.7 Abnahme und Vergütung

Mit der Abnahme der Leistung endet die (Vor-)Leistungspflicht des Auftragnehmers und beginnt die Verwirklichung der Hauptpflicht, die den Auftraggeber trifft, nämlich die Vergütung. Falsch wäre es allerdings zu sagen, daß damit die Hauptleistungsverpflichtung des Bestellers *entstehen* würde. Der Vergütungsanspruch als solcher entsteht bereits mit Abschluß des

Entstehung und Fälligkeit des Vergütungsanspruchs	Vertrages, weil bei dieser Gelegenheit die gegenseitigen Rechte und Pflichten festgelegt werden. Wann er aber, rein zeitlich gesehen, zum Tragen kommt, ist keine Frage der Entstehung der Forderung, sondern ihrer *Fälligkeit*. Zwischen der Abnahme der Werkleistung und der Fälligkeit des Vergütungsanspruchs bestehen aber erhebliche rechtliche Verbindungen.

2.7.1 Abnahme und Vergütung im BGB-Werkvertrag

	Nach § 641 BGB ist die Vergütung *bei der Abnahme des Werkes* zu entrichten. Daraus darf abgeleitet werden, daß das gesetzliche Werkvertrags-Recht eigentlich nur die endgültige, einmalige Zahlung des Werklohnes kennt. Abschlagszahlungen nach Leistungsfortschritt sind nicht vorgesehen, sie müssen sogar wegen § 266 BGB als ausgeschlossen betrachtet werden. Denn wenn nach dieser Vorschrift der Schuldner zu Teilleistungen nicht berechtigt ist, dann ist er dazu auch nicht verpflichtet, insbesondere dann nicht, wenn noch gar keine Fälligkeit gegeben ist. Will der Unternehmer dennoch Abschlagszahlungen beanspruchen, so muß hierüber einvernehmlich eine Sondervereinbarung getroffen werden. Die in § 641 Abs. 1 Satz 2 BGB angesprochenen Vergütungen für einzelne Teile sind nicht Abschlagszahlungen, sondern Schlußvergütungen für selbständige, abgeschlossene Werkleistungen.
Zahlung nur auf Rechnung	Allerdings muß in diesem Zusammenhang sogleich ein Mißverständnis ausgeräumt werden, das aufgrund des o. a. Textes in § 641 Abs. 1 Satz 1 entstehen könnte: Ungeschriebene Voraussetzung für die Fälligkeit des Werklohnes, insbesondere auch bei der Bauleistung, ist die Rechnungsstellung durch den Unternehmer. Erst aus der Rechnung kann der Auftraggeber erkennen, wie der Auftragnehmer die ihm zustehende Vergütung ermittelt hat. Deshalb hat er ein Recht darauf, eine prüfbare Rechnung zu erhalten, bevor er zahlt. Dies gilt auch bei „eindeutigen" Fällen.
Beispiel	Der Auftragnehmer errichtet ein Wohngebäude zu einem Pauschalpreis von 250 000,- DM. Gegenüber der ursprünglichen Planung gibt es keinerlei Abänderungen oder sonstige Abweichungen. Bei der Abnahme verlangt er vom Auftraggeber unter Hinweis auf § 641 BGB die sofortige Zahlung dieser Summe. Jener weigert sich, weil er keine schriftliche Rechnung in Händen habe. Der Auftragnehmer hält dies nicht für nötig, weil ja der Preis feststehe und unbestritten unverändert geblieben sei. Wer hat Recht?

Auch in einem solchen Falle hat der Auftraggeber Anspruch auf eine Rechnung, selbst wenn diese nur einen einzigen Posten aufweist. Der Auftragnehmer ist immer verpflichtet, seine Forderung zu präsentieren, ehe der Vertragspartner leistet. Außerdem könnten ja von der Rechnungsstellung auch steuerliche Folgen abhängen (Umsatzsteuer, Abzug von Vorsteuer).

Grundsatz der Leistungsbestimmtheit

Aus diesen Erwägungen sollte man § 641 BGB hinsichtlich der Zahlungspflicht lediglich so verstehen, daß der Auftraggeber mit der Abnahme seinerseits alles getan hat, um die Fälligkeit der Vergütung herbeizuführen, und daß es nun allein am Auftragnehmer liegt, in der rechten Art und Weise seinen Anspruch darzulegen. In der Rechtswissenschaft spricht man insoweit vom „Grundsatz der Leistungsbestimmtheit". Andererseits genügt allein die Abnahme, um die Verjährung eintreten zu lassen. Denn von diesem Zeitpunkt ab beginnt die Verjährungsfrist für den Vergütungsanspruch zu laufen, unabhängig davon ob auch eine Rechnung gestellt worden ist. Wenn der Auftraggeber also am 19.11.1979 die Abnahme durchgeführt hat, muß der Auftragnehmer bis spätestens 31.12.1981 seinen (Rest-) Vergütungsanspruch realisiert oder zumindest rechtshängig gemacht haben.

Beispiel

Nach diesem Datum kann der Auftraggeber die Zahlung verweigern, weil der Anspruch verjährt ist (§§ 196 Abs. 1 Nr. 1, 198, 201 BGB).

2.7.2 Abnahme und Vergütung im VOB-Vertrag

Fälligkeit der Schlußzahlung

Die Fälligkeit der Schlußzahlung nach der VOB ist anders und wesentlich genauer geregelt als im Werkvertragsrecht des BGB. Nach § 16 Nr. 3 Abs. 1 ist die Schlußzahlung alsbald nach Prüfung und Feststellung der vom Auftragnehmer vorgelegten Schlußrechnung zu leisten, spätestens innerhalb von zwei Monaten nach Zugang. Dies stellt eine klare Festlegung des Fälligkeitszeitpunktes dar.

Es stellt sich aber nun die Frage, wann die einzureichende Schlußrechnung frühestens erstellt werden kann, d. h. wann die Prüfungspflicht für den Auftraggeber beginnt. Hierzu sagt § 14 Nr. 3 VOB/B, daß die Schlußrechnung bei Leistungen mit einer vertraglichen Ausführungsfrist von höchstens drei Monaten spätestens sechs Werktage nach Fertigstellung eingereicht werden muß, wenn nichts anderes vereinbart ist. Diese Frist wird um je sechs Werktage für je weitere drei Monate Ausführungsfrist verlängert.

Abnahme als Voraussetzung der Schlußzahlung	Aus dem Wortlaut „nach Fertigstellung" wurde verschiedentlich abgeleitet, daß die Abnahme jedenfalls keine Voraussetzung für die wirksame Einreichung der Schlußrechnung sei. Demgegenüber hat sich aber nunmehr eindeutig die Auffassung durchgesetzt, daß eine *Schlußrechnung* grundsätzlich *nur gestellt* werden kann, *wenn vorher die Abnahme stattgefunden hat.* Dies wird vor allem damit begründet, daß die VOB die Frage der Fälligkeit der Vergütung nicht in Abweichung von § 641 Abs. 1 BGB regeln wollte. Dort wird aber ausdrücklich die Abnahme vorausgesetzt. Zum andern wird für die Teilschlußzahlung wörtlich eine Teilabnahme verlangt (vgl. § 16 Nr. 4 VOB/B), ebenso für die vorzeitige Beendigung aufgrund einer Auftragsentziehung (§ 8 Nr. 6 VOB/B). Schließlich würde das Recht auf Abnahmeverweigerung (§ 12 Nr. 3 VOB/B) leerlaufen, wenn der Auftragnehmer trotzdem seine Schlußrechnung einreichen dürfte und der Auftraggeber diese prüfen müßte.
Beispiel	Der Auftraggeber stellt bei der Abnahme von Fenstern fest, daß andere Profile als vorgeschrieben verwendet worden sind, so daß der verlangte Wärmeschutz nicht gewährleistet ist. Er lehnt eine Abnahme wegen wesentlicher Mängel ab und fordert Nachbesserung. Gleichwohl schickt ihm der Auftragnehmer die Schlußrechnung und verlangt abschließende Zahlung. Muß der Auftraggeber dem entsprechen?
	Da zu Recht nicht abgenommen worden ist, braucht der Auftraggeber die Rechnung nicht zu prüfen. Eine Zahlung hat er deshalb auch nicht zu leisten. Käme es dagegen allein auf die „Fertigstellung" an, müßte der Auftraggeber die Rechnung prüfen und dürfte bei der Zahlung lediglich einen gewissen Teilbetrag zurückbehalten, bis die Mängel behoben sind.
wichtiger Hinweis	Inzwischen hat sich auch der Bundesgerichtshof eingehend zu diesem Problem geäußert und die Meinung bestätigt, daß die Fälligkeit der Schlußzahlung im VOB-Vertrag stets von der Abnahme der Bauleistung abhängig ist, weil jene eine unabdingbare Voraussetzung für die Stellung der Schlußrechnung ist. Allerdings ist dabei zu beachten, daß jede Art von Abnahme für den Beginn der Abrechnung ausreichend ist und daß der Auftraggeber hier sehr wachsam sein muß. Dies zeigt sich an dem nachfolgenden Beispiel:
Beispiel	Der Auftragnehmer hat seine Arbeiten beendet und die Baustelle geräumt. Danach schickt er dem Auftraggeber die Schlußrechnung mit einem Begleitschreiben, in dem u. a. steht: „Nach Fertigstellung meiner Arbeiten erlaube ich mir, die beiliegende

Kapitel 3: Wirkungen der Abnahme

Schlußabrechnung einzureichen". Der Auftraggeber reagiert nicht darauf, weil keine Abnahme stattgefunden hat. Wie ist die Rechtslage?

Das Begleitschreiben des Auftragnehmers enthält eine Fertigstellungsanzeige im Sinne von § 12 Nr. 5 Abs. 1 VOB/B, die Abnahme gilt mit Ablauf von zwölf Werktagen seit Eingang des Briefes als erfolgt. Nach weiteren zwei Monaten ist der Schlußrechnungsbetrag fällig und der Auftragnehmer kann dem Auftraggeber noch eine angemessene Nachfrist zur Zahlung setzen. Danach tritt Zahlungsverzug ein (§ 16 Nr. 5 Abs. 3 VOB/B), der Auftragnehmer ist berechtigt, Zinsen i. H. von 1 % über dem Lombardsatz der Deutschen Bundesbank zu verlangen, wenn er nicht sogar einen höheren Verzugsschaden (= eigene Bankzinsen) nachweist. Natürlich kann der Auftraggeber diesen schwerwiegenden Folgen entgehen, wenn er – wie schon früher erwähnt – von Anfang an vereinbart, daß eine förmliche Abnahme stattzufinden habe.

Der Grundsatz, daß die Abrechnung eine Abnahme voraussetzt, gilt sogar für solche Fälle, in denen der Auftraggeber selbst die Schlußrechnung aufstellen darf, weil der Auftragnehmer dieser Verpflichtung nicht fristgemäß nachgekommen ist (§ 14 Nr. 4 VOB/B). Der Auftraggeber kann die Schlußrechnung nämlich erst dann anfordern, wenn er selbst seine Verpflichtung zur Abnahme erfüllt hat. Solange dies nicht geschehen ist, besteht für ihn auch nicht das Recht auf Ersatzvornahme, d. h. auf eigene Aufstellung der Schlußrechnung, wie in § 14 Nr. 4 VOB/B vorgesehen.

Zusammenfassend muß man also sagen, daß sowohl nach dem BGB- als auch nach dem VOB-Vertrag mit der Abnahme das Stadium der Schlußabrechnung beginnt. Die vorher geleisteten Abschlagszahlungen haben nur vorläufigen Charakter und gelten nicht als Abnahme von Teilen der Leistung (§ 16 Nr. 1 Abs. 4 VOB/B). Erst nach der Abnahme kann die abschließende Leistungszusammenstellung und damit auch die endgültige Ermittlung der Vergütung stattfinden.

2.7.3 Literatur und Rechtsprechung

Aufsätze

Duffek:	Fälligkeit der Schlußzahlung nach VOB/B; BauR 1976, S. 164
Hochstein:	Die Abnahme als Fälligkeitsvoraussetzung des Vergütungsanspruchs beim VOB-Bauvertrag; BauR 1976, S. 168
Bartmann:	Inwiefern macht eine „Abnahme" den Werklohn fällig? BauR 1977, S. 16
Schmalzl:	Ist im VOB-Vertrag die Abnahme der Bauleistung zusätzliche Voraussetzung für die Fälligkeit der Schlußzahlung? MDR 1978, S. 619
Weidemann:	Fälligkeit des Werklohns trotz fehlender Abnahme beim VOB-Vertrag? BauR 1980, S. 124

Kapitel 3: Wirkungen der Abnahme 169

Urteile

BGH vom 26.05.1966, VII ZR 87/64
Vereinbaren die Parteien eines Werkvertrages, daß die restliche Vergütung erst fällig sein solle, wenn das Bauwerk abgenommen und die endgültige Abrechnung erstellt sowie geprüft sei, so kann im Einzelfall nach Treu und Glauben der Restwerklohnanspruch gleichwohl schon dann fällig werden, wenn lediglich die Abnahme durchgeführt ist.
Schäfer-Finnern Z 2.330, Bl. 19

BGH vom 27.02.1969, VII ZR 38/67
Im VOB-Werkvertrag ist die Fälligkeit der Vergütung nicht nach § 641 Abs. 1 Satz 1 BGB, sondern nach § 16 Nr. 2 Abs. 1 VOB/B (1952) zu beurteilen.
Schäfer-Finnern Z 2.331, Bl. 78

BGH vom 23.11.1978, VII ZR 29/78
Auf die Frage, ob auch bei einem nach VOB zu beurteilenden Werkvertrag die Abnahme der Werkleistung Fälligkeitsvoraussetzung für den Vergütungsanspruch des Auftragnehmers ist, kommt es nicht an, wenn der Auftraggeber gegenüber dem Vergütungsanspruch statt der Mängelbeseitigung Schadensersatz geltend macht (amtlicher Leitsatz).
BB 1979, S. 134; BauR 1979, S. 152

BGH vom 18.12.1980, VII ZR 41/80
Die Verjährung eines allein nach §§ 631 ff BGB zu beurteilenden Werklohnanspruchs eines Bauhandwerkers beginnt auch dann mit dem Schluß des Jahres, in dem die Abnahme erfolgt ist, wenn der Bauhandwerker eine Rechnung nicht erteilt hat.
BauR 1981, S. 199; JZ 1981, S. 223; BB 1981, S. 324; DB 1981, S. 1133

BGH vom 18.12.1980, VII ZR 43/80
Beim VOB-Bauvertrag setzt die Fälligkeit des Restwerklohnanspruchs (Schlußzahlung) nicht nur die Erteilung einer prüfungsfähigen Schlußrechnung, sondern auch die Abnahme der Werkleistungen voraus.
BauR 1981, S. 200; DB 1981, S. 1134

Anhang

Inhaltsübersicht

- Aufforderung zur Abnahme der Leistung
- Bauabnahme gemäß VOB/B § 12
- Aufforderung zum gemeinsamen Aufmaß gem. § 14 (2) VOB/B; § 15 (2) 8 HOAI

Formular: Aufforderung zur Abnahme der Leistung — Vorderseite

---

Schreibmaschinenzeilenabstand 2fach

Architekt/Ingenieur

Aufforderung zur Abnahme der Leistung
gem. § 12 VOB/B[1])

Gegen Empfangsnachweis!

Bauprojekt

Anschrift

Abnahme Ihrer Leistungen

Sehr geehrte Damen und Herren,

Ich/Wir nehme(n) Bezug auf den mit Ihnen geschlossenen Vertrag über die Ausführung der

Angabe der Leistungen

vom ....(Datum des Vertrags)

Namens und im Auftrag des Bauherrn fordere ich Sie auf, bei der förmlichen Abnahme oben genannter Leistungen gemäß § 12 Nr. 4 VOB/B teilzunehmen.

Abnahmetermin an der Baustelle[2])

am   in

Dieser Abnahmetermin ist verbindlich, wenn Sie nicht innerhalb von drei Tagen nach Erhalt der Aufforderung schriftlich oder telefonisch widersprechen. Sollten Sie an der Wahrnehmung des verbindlichen Abnahmetermins aus wichtigem Grunde verhindert sein, bitten wir um unverzügliche Benachrichtigung, da die Feststellungen ansonsten auch ohne Sie getroffen werden können.
Auf dem umseitig abgedruckten Text des § 12 VOB/B weisen wir hin.
Ich/Wir bitte(n) Sie um Teilnahme am Abnahmetermin.
Bitte **bestätigen** Sie den Empfang dieses Schreibens auf dem **Rücklaufexemplar** und senden Sie dieses bitte
bis zum .... zurück.

Ort, Datum   Ort, Datum

Auftragnehmer   Architekt/Ingenieur

bitte wenden

1) vgl. den Text auf der Rückseite
2) Bitte beachten, daß zwischen Zugang dieser Aufforderung und dem Abnahmetermin mindestens 14 Tage liegen!
Verteiler: 1. Anschrift, 2. Anschrift Empfangsbestätigung, 3. Bauherr, 4. Architekturbüro

WEKA-VERLAG, Industriestraße 21, 8901 Kissing, Telefon 0 82 33 / 50 51, Telex 533 287 weka d. – Nachdruck und Nachahmung verboten, Urheberrecht!
Bestell-Nr. 7407 – Aufforderung zur Abnahme der Leistung gem. § VOB/B –

---

[1]) Dieses Formular ist im WEKA-VERLAG, Industriestraße 21, 8901 Kissing, unter der Best.-Nr. 7407 zu beziehen.

Formular: Aufforderung zur Abnahme der Leistung — Rückseite

§ 12
Abnahme

1. Verlangt der Auftragnehmer nach der Fertigstellung — gegebenenfalls auch vor Ablauf der vereinbarten Ausführungsfrist — die Abnahme der Leistung, so hat sie der Auftraggeber binnen 12 Werktagen durchzuführen; eine andere Frist kann vereinbart werden.

2. Besonders abzunehmen sind auf Verlangen:
   a) in sich abgeschlossene Teile der Leistung,
   b) andere Teile der Leistung, wenn sie durch die weitere Ausführung der Prüfung und Feststellung entzogen werden.

3. Wegen wesentlicher Mängel kann die Abnahme bis zur Beseitigung verweigert werden.

4. (1) Eine förmliche Abnahme hat stattzufinden, wenn eine Vertragspartei es verlangt. Jede Partei kann auf ihre Kosten einen Sachverständigen zuziehen. Der Befund ist in gemeinsamer Verhandlung schriftlich niederzulegen. In die Niederschrift sind etwaige Vorbehalte wegen bekannter Mängel und wegen Vertragsstrafen aufzunehmen, ebenso etwaige Einwendungen des Auftragnehmers. Jede Partei erhält eine Ausfertigung.

   (2) Die förmliche Abnahme kann in Abwesenheit des Auftragnehmers stattfinden, wenn der Termin vereinbart war oder der Auftraggeber mit genügender Frist dazu eingeladen hatte. Das Ergebnis der Abnahme ist dem Auftragnehmer alsbald mitzuteilen.

5. (1) Wird keine Abnahme verlangt, so gilt die Leistung als abgenommen mit Ablauf von 12 Werktagen nach schriftlicher Mitteilung über die Fertigstellung der Leistung.

   (2) Hat der Auftraggeber die Leistung oder einen Teil der Leistung in Benutzung genommen, so gilt die Abnahme nach Ablauf von 6 Werktagen nach Beginn der Benutzung als erfolgt, wenn nichts anderes vereinbart ist. Die Benutzung von Teilen einer baulichen Anlage zur Weiterführung der Arbeiten gilt nicht als Abnahme.

   (3) Vorbehalte wegen bekannter Mängel oder wegen Vertragsstrafen hat der Auftraggeber spätestens zu den in den Absätzen 1 und 2 bezeichneten Zeitpunkten geltend zu machen.

6. Mit der Abnahme geht die Gefahr auf den Auftraggeber über, soweit er sie nicht schon nach § 7 trägt.

Formular: Bauabnahme gem. VOB/B § 12   Vorderseite

● Achtung, selbstdurchschreibendes Papier! Vor dem Ausfüllen bitte die benötigte Blattzahl abtrennen.

Schreibmaschinenzeilenabstand 1 1/2-fach
Zutreffendes ankreuzen ☒ oder ausfüllen

Bauabnahme gem. § 12 VOB/B

Bauvorhaben: _____

Gewerk: _____ Firma: _____

Teilnehmer: _____ Datum: _____

	☐ Gesamtabnahme	☐ Teilabnahme
1. Bauvertrag:	Angebot/Bauvertrag vom _____, Nachträge vom _____
2. Dauer:	Die Leistungen wurden vom _____ bis _____ erbracht.
3. Abnahme:	☐ Die Abnahme erfolgt ohne sichtbare Mängel.
	☐ Die Abnahme erfolgt mit nachstehend aufgeführten Mängeln.
	(vgl. Mängelliste zur Bauabnahme – Best.-Nr. 7410)

_____
_____
_____
_____
_____
_____
_____

☐ Die Abnahme wird verweigert. (Begründung angeben)

_____
_____
_____

4. Vertragsstrafe: Der Bauherr behält sich die Geltendmachung der Vertragsstrafe vor.

5. Gewährleistung: Die Gewährleistung nach

☐ § 13 VOB/B

☐ § 638 BGB

beginnt

☐ nach Behebung der oben aufgeführten Mängel,

☐ am _____ und endet nach _____ Jahren,

☐ vorbehaltlich der oben aufgeführten Mängel.

6. Mängelbeseitigung: Die aufgeführten Mängel sind vollständig bis zum _____ zu beheben. Gleichzeitig ist eine Abnahme der Nachbesserungsleistung zu beantragen.

7. Bemerkungen: _____
_____

8. Anerkannt:

_____   _____
Ort, Datum, Uhrzeit   Bauherr

_____   _____
Architekt   Auftragnehmer

[1]) Dieses Formular ist im WEKA-VERLAG, Industriestraße 21, 8901 Kissing, unter der Best.-Nr. 7248 zu beziehen.

Anhang

Formular: Bauabnahme gem. VOB/B § 12

§ 12 VOB/B Abnahme

1. Verlangt der Auftragnehmer nach der Fertigstellung — gegebenenfalls auch vor Ablauf der vereinbarten Ausführungsfrist — die Abnahme der Leistung, so hat sie der Auftraggeber binnen 12 Werktagen durchzuführen; eine andere Frist kann vereinbart werden.
2. Besonders abzunehmen sind auf Verlangen:
   a) in sich abgeschlossene Teile der Leistung,
   b) andere Teile der Leistung, wenn sie durch die weitere Ausführung der Prüfung und Feststellung entzogen werden.
3. Wegen wesentlicher Mängel kann die Abnahme bis zur Beseitigung verweigert werden.
4. (1) Eine förmliche Abnahme hat stattzufinden, wenn eine Vertragspartei es verlangt. Jede Partei kann auf ihre Kosten einen Sachverständigen zuziehen. Der Befund ist in gemeinsamer Verhandlung schriftlich niederzulegen. In die Niederschrift sind etwaige Vorbehalte wegen bekannter Mängel und wegen Vertragsstrafen aufzunehmen, ebenso etwaige Einwendungen des Auftragnehmers. Jede Partei erhält eine Ausfertigung.
   (2) Die förmliche Abnahme kann in Abwesenheit des Auftragnehmers stattfinden, wenn der Termin vereinbart war oder der Auftraggeber mit genügender Frist dazu eingeladen hatte. Das Ergebnis der Abnahme ist dem Auftragnehmer alsbald mitzuteilen.
5. (1) Wird keine Abnahme verlangt, so gilt die Leistung als abgenommen mit Ablauf von 12 Werktagen nach schriftlicher Mitteilung über die Fertigstellung der Leistung.
   (2) Hat der Auftraggeber die Leistung oder einen Teil der Leistung in Benutzung genommen, so gilt die Abnahme nach Ablauf von 6 Werktagen nach Beginn der Benutzung als erfolgt, wenn nichts anderes vereinbart ist. Die Benutzung von Teilen einer baulichen Anlage zur Weiterführung der Arbeiten gilt nicht als Abnahme.
   (3) Vorbehalte wegen bekannter Mängel oder wegen Vertragsstrafen hat der Auftraggeber spätestens zu den in den Absätzen 1 und 2 bezeichneten Zeitpunkten geltend zu machen.
6. Mit der Abnahme geht die Gefahr auf den Auftraggeber über, soweit er sie nicht schon nach § 7 trägt.

Begriff und Wirkung der Abnahme

Begriff

Der Begriff der Abnahme im Sinne des § 12 VOB/B, ist identisch mit dem in § 640 BGB. Abnahme bedeutet die körperliche Hinnahme des Auftragnehmers Leistung durch den Besteller, verbunden mit der Erklärung, daß er die Leistung nach dem Vertrag entsprechende Erfüllung anerkenne (Palandt § 640 ErlZ 1 a; BGH NJW 74, 95).
Der Auftragsgeber bzw. sein mit der technischen und geschäftlichen Oberleitung beauftragter Architekt müssen nach außen hin erkennen lassen, daß sie die Leistung als im wesentlichen vertragsgemäß erbracht ansehen. Das bedeutet jedoch nicht, daß damit davon auszugehen ist, daß sie die Leistung des Auftragnehmers als mängelfrei anerkennen. Die Abnahme ist daher nicht als Verzicht auf irgendwelche Mängelbeseitigungsansprüche anzusehen, solange sich der Auftraggeber seine Ansprüche bezüglich bekannter Mängel vorbehält.
Die Abnahme ist eine vertragliche Hauptverpflichtung des Auftraggebers. Der Auftragnehmer kann aus diesem Grunde den Auftraggeber auf Abnahme seiner Leistung verklagen mit der Möglichkeit, das Urteil gemäß § 888 ZPO zu vollstrecken.

Wirkung der Abnahme

Die Abnahme entfaltet folgende Wirkungen:

— Beweislastumkehr
  Bis zur Abnahme hat der Auftragnehmer die Fehlerfreiheit und das Vorhandensein einer zugesicherten Eigenschaft zu beweisen, von der Abnahme an hat der Auftraggeber die Mängel und das Fehlen von zugesicherten Eigenschaften zu beweisen.
— Übergang vom Erfüllungs- zum Gewährleistungsanspruch
  Bis zur Abnahme hat der Auftragnehmer einen Erfüllungsanspruch, gerichtet auf die Herstellung des versprochenen, d. h. mängelfreien Werkes; nach Abnahme hingegen ist der Auftraggeber auf die Gewährleistungsansprüche beschränkt.
— Mängelvorbehalt
  Nimmt der Auftraggeber ein mangelhaftes Werk ab, obschon er den Mangel kennt, so verliert er das Nachbesserungs- und Minderungsrecht aus § 13 Nr. 5 und 6 VOB/B, wenn er nicht seine Rechte wegen des Mangels bei der Abnahme vorbehält (BGH NJW 74, 143, 144). Der Auftraggeber ist allerdings auch bei rügeloser Abnahme nicht daran gehindert, Schadensersatz nach § 13 Nr. 7 VOB/B für einen erkannten, aber nicht gerügten Mangel zu verlangen. Ein etwaiger Mängelvorbehalt hat bei der Abnahme ausdrücklich zu erfolgen.
— Verjährung
  Mit der Abnahme beginnt die Verjährungsfrist nach § 13 Nr. 4 VOB/B. Ist keine Abnahme erfolgt, beginnt die Verjährungsfrist mit der endgültigen Ablehnung der Abnahme durch den Auftragnehmer.
— Gefahrübergang
  Mit der Abnahme geht die Gefahr auf den Auftraggeber über (§ 644 BGB und § 12 Nr. 6 VOB/B).
— Fälligkeit
  Mit der Abnahme ist die Schlußzahlung zwar noch nicht fällig, sie ist jedoch eine Voraussetzung für die Fälligkeit der Schlußzahlung; hinzu kommen muß die Schlußabrechnung des Auftragnehmers.
— Vertragsstrafe
  Der Auftraggeber kann gemäß § 11 Nr. 4 VOB wegen nichtrechtzeitiger Erfüllung gemäß § 341 BGB eine verwirkte Vertragsstrafe neben der Erfüllung nur fordern, wenn sie bei Abnahme ausdrücklich vorbehalten hat.

Formular: Aufforderung zum gemeinsamen Aufmaß gem. §14 (2) VOBN/B § 15 (2) HOAI   Vorderseite

Architekt/Ingenieur

Schreibmaschinenzeilenabstand 2-fach

Aufforderung zum gemeinsamen Aufmaß gem. § 14 (2) VOB/B; § 15 (2) HOAI[1])

Bauobjekt:

Bauherr:

Anschrift:

Datum:

Gemeinsames Aufmaß

Sehr geehrte Damen und Herren,

bei unserem Baustellenbesuch vom _____ haben wir festgestellt, daß die nachstehend genannten Leistungen abgeschlossen sind.

Wir fordern Sie daher auf, die für die Abrechnung erforderlichen Feststellungen mit uns gemeinsam zu treffen.

Aufmaßtermin an der Baustelle:

(Datum)   (Uhrzeit)   (Ort, Straße, Nr.)

Die Wahrnehmung der Möglichkeit des gemeinsamen Aufmaßes liegt auch in Ihrem Interesse, denn die einverständlichen Feststellungen im gemeinsamen Aufmaß sind unangreifbar und erleichtern somit die spätere Abrechnung.

Sollten Sie zum oben genannten Termin verhindert sein, bitten wir um unverzügliche Benachrichtigung, da die Feststellungen ansonsten auch ohne Sie getroffen weden können. Auf die umseitig abgedruckten Anmerkungen weisen wir hin!

Bringen Sie bitte Ihr Leistungsverzeichnis mit, da dies die Feststellungen erleichtert.

Mit freundlichen Grüßen

[1]) vgl. den Text auf der Rückseite.
Verteiler: 1. Anschrift, 2. Bauherr, 3. Architekturbüro

WEKA-VERLAG, Industriestraße 21, 8901 Kissing, Telefon 08233/5051, Telex 533287 weka d. – Nachdruck und Nachahmung verboten, Urheberrecht!
Bestell-Nr. 7413 – Aufforderung zum gemeinsamen Aufmaß

[1]) Dieses Formular ist im WEKA-VERLAG, Industriestraße 21, 8901 Kissing, unter der Best.-Nr. 7413 zu beziehen.

Formular: Aufforderung zum gemeinsamen Aufmaß gem. §14 (2) VOB/B § 15 (2) HOAI — Rückseite

§ 14 Nr. 2 VOB/B lautet:

„Die für die Abrechnung notwendigen Feststellungen sind dem Fortgang der Leistung entsprechend möglichst gemeinsam vorzunehmen. Die Abrechnungsbestimmungen in den Technischen Vorschriften sind zu beachten. Für Leistungen, die bei Weiterführung der Arbeiten nur schwer feststellbar sind, hat der Auftragnehmer rechtzeitig gemeinsame Feststellungen zu beantragen."

§ 15 Abs. 2 Nr. 8 HOAI lautet:

Das Leistungsbild setzt sich wie folgt zusammen:

8. Objektüberwachung (Bauüberwachung)

Überwachen der Ausführung des Objekts auf Übereinstimmung mit der Baugenehmigung oder Zustimmung, den Ausführungsplänen und der Leistungsbeschreibungen mit den anerkannten Regeln der Technik und den einschlägigen Vorschriften.

Koordinieren der an der Objektüberwachung fachlich Beteiligten.

Überwachung und Detailkorrektur von Fertigteilen.

Aufstellen und Überwachen eines Zeitplanes (Balkendiagramm).

Führen eines Bautagebuches.

Gemeinsames Aufmaß mit den bauausführenden Unternehmen.

Abnahme der Bauleistungen unter Mitwirkung anderer an der Planung und Objektüberwachung fachlich Beteiligter unter Feststellung von Mängeln.

Rechnungsprüfung.

Kostenfeststellung nach DIN 276 oder nach dem wohnungsrechtlichen Berechnungsrecht.

Antrag auf behördliche Abnahmen und Teilnahme daran.

Übergabe des Objekts einschließlich Zusammenstellung und Übergabe der erforderlichen Unterlagen, zum Beispiel Bedienungsanleitungen, Prüfprotokolle.

Auflisten der Gewährleistungsfristen.

Überwachen der Beseitigung der bei der Abnahme der Bauleistungen festgestellten Mängel.

Kostenkontrolle.

Stichwortverzeichnis

(Die Nummern geben die Seite an)

A

Abnahme 7, 8, 30, 31, 33, 34, 35, 42, 43, (Bauabnahme) 55, 57, 129, 134, 139, 141, 146, 169,
Ablehnung der – 32, 39, 41, 51, 68, 71, 77, 80 ff, (Verweigerung) 91, 97, 111, 118, 120, 121, 142 f, 148, 166
– fähigkeit 39
– reife 8, 88
– ohne den Auftraggeber 103 ff
Beendigung der – 104
– und Billigung 35, 37, 38, 42, 43, 72, 74, 94, 106, 109, 126
Definition der – 33, 41, 42
Durchführung der – 72, 92 ff, 107, 152, 158
Ergebnis der – 32, 104
Erklärung der – 51, 94, 102
Fertigstellungs- 113 ff
fiktive – 72, 79, 80, 88, 94, 104, 106, 110 ff
förmliche – 32, 40, 48, 52, 79, 81, 87, 89, 98 ff, 111, 112, 115, 135, 150, 158, 159, 167
formlose – 94 ff, 106
– und Interessenlage 44, 78, 101
Klage auf – 90
Kosten der – 97
– Mängelbeseitigungsleistungen 79
Nutzungs- 115 ff
öffentlichrechtliche – 34
persönliche – 52, 96, 100, 101
Pflicht zur – 40, 41, 48, 50, 63, 71, 89, 167
– protokoll 35, 87, 101 f, 104, 106, 135, 148, 150, 158, 159, 162
rechtsgeschäftliche (privatrechtliche) – 34, 63, 75, 77, 79, 153
stillschweigende (konkludente, schlüssige) – 95, 99, 106 ff
technische – 32, 57, 63, 77 f
Teil – 32, 142, 166, 167
Verlangen nach – 48, 68, 71, 72 f, 75, 79, 80, 95, 98, 106, 108, 111 – und vertragsmäßige Herstellung 36, 72, 96

vertragsrechtliche Bedeutung der – 40, 41, 126
Verzicht auf – 75
– beim VOB-Vertrag 41
– wille 110, 113, 121
– wirkungen 44, 51, 65, 71, 77, 79, 80, 104, 108, 112, 118, 127 ff
Zeitpunkt der – 68 ff, 73, 97, 99, 142
Abrechnung 49, 56, 58, 77, 166, 167
Abschlagsrechnung 55, 77, 147
AGB (allgemeine Geschäftsbedingungen), 15, 23, 99, 138, 158, 163
Definition der – 15
Gesetz zur Regelung der – 23, 26, 27, 110
VOB als – 23
Anerkenntnis 58, 59, 126
Anfechtung 38, 59
Annahme 33, 41
– als Erfüllung 41, 107, 108
Anspruch
Definition 139
Arbeitsgemeinschaft 53
Arbeitstag 73
Architekt 7, 17, 50, 52, 54, 63, 65, 103, 107, 126, 148, 153, 160
– gebühr 55
Pflichten des – 60, 160
– werk 97
Aufmaß 55, 56, 71
gemeinsames – 58, 59, 64, 77
Aufrechnung 148, 158, 163
Auftrag 15, 16, 38, 51, 78, 110, 137, 138, 156, 160
– erteilung 53, 59, 62, 126
– geber (-nehmer) 16, 26, 30, 37, 44, 50, 56, 65, 71, 73, 111, 116, 126, 130, 135, 136, 153, 160, 166
Inhalt des – 23, 156, 166
Ausführung 78
fehlerhafte – 79
Ausschreibung 55

B

Bauarbeiten 17, 67
Bauaufsicht
örtliche – 55, 56, 57, 59
Baubegehung 58
Baubetreuung 62 ff, 66, 67
– betreuer 62
– träger 17, 64
Bauhandwerker 17, 35, 62, 67, 116, 142, 169
Bauherr 7, 48, 50, 54, 57, 60, 63, 67, 96, 126, 131, 140, 153
Bauleiter 52, 54, 103, 153
Bauleistung 7, 16, 22, 39, 65, 68, 70, 76, 82, (siehe auch: Leistung) 84, 109, 113, 115
Art der – 42
Empfänger der – 48
Inhalt der – 17
Bauplanung
(siehe: Planung)
Baupreise 126, 130
(-kosten)
Bauprozeß 105, 138, 143, 146, 147, 148, 150, 159, 162
Baustoffe 36, 130, 145
Bauübergabe 34, 35, 65
Bauüberwachung 34, 56
Bauunternehmer 53, 54, 56
(siehe auch: Unternehmer)
Bauwerk 54, 67, 79, 125, 131, 137, 143
(siehe auch: Werk) 168
Arbeiten am – 19, 20, 141
Definition 19
Errichtung des – 17
Übergabe des – 37
Bauwesenversicherung 130
Bauzeit 58, 130, 157, 158
– plan 70
Bedingung im Rechtssinne 98
Behinderung 70, 162
Beistellung von Materialien 16
Benutzung der Leistung 32, 81, 99, 107, 109, 112, 115, 116, 117, 121
Bereitstellungspflicht 50
Besitz 36
Besteller 40, 49, 137, 149
– haftung 31

Beweis 104, 150, 153
– last 44, 63, 68, 77, 119, 130, 145 ff, 152, 160
– mittel 101
– sicherung 88, 100, 143

C

Culpa in contra-hendo 143

D

Dienstvertrag 14, 33
Dienstleistung 55
DIN-Normen 22, 86

E

Eigenschaften
zugesicherte – 68, 82, 84, 85, 91, 138
Eigentum 16, 35, 36, 66
– erwerb 36, 65
Einheitspreis (Festpreis) 67
– vertrag 27, 49, 58
Erfüllungsanspruch 134 f, 137, 156
Ersatzvornahme 132, 133, 134, 148, 167

F

Fehler
– der Werkleistung 68, 86, 91, 102, 135, 152
Fertigstellung der Bauleistung 31, 35, 37, (oder Herstellung) 58, 63, 64, 68, 94, 114, 115, 116, 121, 128, 132, 135, 143, 155, 166
Anzeige der – 81, 111, 112, 113, 121, 167

Stichwortverzeichnis

funktionelle – 39, 69, 75, 98, 106, 111
– im wesentlichen 39, 69 ff, 72, 74, 81, 109, 135
Zeitpunkt der – 70 f
Fristen 41, 77, 79, 103, 105, 110, 112, 113, 119, 120, 128, 133, 134, 135, 156, 165
Abnahme – 31, 32, 73 f, 95, 99
Bau – 24, 70, 165
– berechnung 73, 141, 157
Gewährleistungs- 77
– zur Mängelbeseitigung 135, 143
– verlängerung 52

G

Garantie 132, 137, 138, 140
Gebäude 17, 61, 64, 69, 76, 115, 140, 143
Gebrauch der Bauleistung 69, 76, 82, 84, 86, 108, 116
Gefahrtragung 25, 30, 44, 71, 127 ff
– übergang 32, 44, 71, 89, 127 ff
Generalübernehmer 17
Generalunternehmer 17, 115, 116
Gerichtsstand 24
Geschäftsbesorgung 64, 65
Gesetz (im formellen Sinne) 22, 27
Gewährleistung 16, 35, 38, 44, 63, 65, 66, 71, 77, 82, 83, 91, 96, 125, 126, 130, 132
– anspruch 35, 40, 89, 91, 107, 134, 149 ff
– ausschluß 150 ff
– frist 24, 25, 139 ff, 147
Gewerk 17, 76, 116, 142
Gewohnheitsrecht 23
GOA 55, 57, 63
GOI 60 ff
Grundstück 62, 64
Arbeiten am – 19, 141
Güterverkehr 15
Gutachter
(siehe: Sachverständiger)

H

Haftung 44, 54, 60, 78, 91, 125, 137, 138
Handelsbrauch 23
Handelsgesellschaft 51
Hauptunternehmer 132
HOAI 55 ff, 61, 64
Höhere Gewalt 129, 131

I

Ingenieur
(siehe auch: Sonderfachleute) 55, 60, 61, 65

J

Juristische Person 51, 113

K

Kauf 14, 33, 64, 66, 137, 143
Kausalität 145
Kündigung
(Entziehung des Auftrages) 128
– des Bauauftrages 71, 111, 114, 134, 135, 136, 143, 166

L

Leistung
(siehe auch: Bauleistung) 14, 15, 16, 20, 33, 54, 110, 115, 127, 131
Architekten – 18, 56, 57

Stichwortverzeichnis

Beförderungs- 15
- bestimmtheit 165
Fremd – 102
- gefahr 80
Ingenieur – 18, 60
- nach Probe 82
Teil – 17, 56, 57, 69, 70, 76, 125, 129, 138, 142, 144, 164
Überprüfung der – 39, 43
Vor – 125, 127, 145, 152, 163
Leistungsbeschreibung 145
Leistungsverzeichnis 85
Leihe 14, 33
Lieferschein 27

M

Mahnung 157
Mangel 32, 40, 56, 63, 65, 69, 74, 77, 82 ff, 94, 118, 120, 128, 132, 133, 136, 139, 147, 153
Bau – 25, 37
- behebung 69, 135, 138, 141, 144, 145, 147
(– beseitigung) 155, 168
bekannter – 96, 135, 138, 141, 144
erkennbarer – 40, 69, 97, 103, 153
- feststellung 151
- folgeschaden 137, 143
„hinübergeschleppter" – 135 f
- rüge 87, 101, 118, 119, 121, 135
- schaden 137
versteckter – 144
- verursachung 77, 79
wesentlicher – 39, 69, 81, 84, 86, 91, 97, 121, 135, 148
Massenermittlung 55
Material (Bau –) 15, 125, 128
Miete 14, 33, 43, 64, 115, 121, 157
Minderung 103, 133, 134, 137, 140, 145, 150
Mitwirkungspflicht des
Bestellers 40, 49, 50, 54, 128

N

Nachbesserung 71, 74, 79, 97, 103, 118, 132, 133, 134, 136, 140, 145, 147, 150, 151, 154, 166
Nachunternehmer
(siehe: Subunternehmer)
Nutznießer 35, 65, 115

P

Pauschalvertrag 27, 49, 58, 59
Pauschalpreis 164
Planung 7, 55, 56, 126, 135
Positive Vertragsverletzung 97, 143
Prokurist 51, 52, 159
Prüfung
- von Baustoffen 55
- der Leistung 57, 77, 79, 96, 100, 105, 158
- pflicht 53, 102
- der Rechnung 126, 165, 169

R

Rechnung 56, 62, 64, 67, 81, 96, 115, 125, 126, 136, 139, 164, 165, 169
Rechtsverordnung 22, 27, 55, 61
Regeln der Technik 55, 82, 84, 85, 151
Reparaturarbeiten 17, 128
Restarbeiten 69, 74, 94, 118
Rücktritt vom Vertrag 41

S

Sachverständiger 15, 32, 89, 100, 143, 147
Kosten für – 100
Schaden 82, 83, 137, 151, 160, 167

Definition 83
Gewährleistungs – 83, 133
Schadenersatz 71, 83, 89, 133, 134, 140, 150, 157, 169
– anspruch 21, 97, 103, 136, 145, 150, 155, 160
– in Geld 154
– wegen Nichterfüllung 41, 133, 137, 153
Schiedsgutachten 88
Schlußrechnung 35, 44, 55, 59, 72, 74, 89, 90, 105, 108, 114, 121, 157, 159, 166
Schriftform 32, 95, 99, 101, 105, 108, 114, 121, 135, 144
Sicherheitseinbehalt 107
Sicherheitsleistung 24, 37, 109
Sicherheitshypothek 37, 107
Sicherungsmaßnahmen 129, 130, 131
Sonderfachleute 7, 17, 50, 60 ff
Statiker 7, 50, 60, 109
– werk 42
Stellvertretung 51, 52, 53, 54
Steuern 165
Stundenlohnarbeiten 24, 49
Subunternehmer 49, 53, 115, 116, 132
– vertrag 27
Subsidiarität
Grundsatz der – 41

T

Teilabnahme 32, 75 ff
unechte – 77
Termin 32, 71, 96, 99, 103, 121, 157
Tragwerksplanung 61

U

Unabwendbares Ereignis 129
Ungerechtfertigte Bereicherung 139
Unternehmer 116, 137

V

Verantwortung
– des Unternehmers 14, 127, 132, 146
– des Bauherrn 130
Vergütung 14, 37, 40, 55, 60, 71, 75, 107, 127, 131, 137, 159, 163 ff
Fälligkeit der – 30, 90, 125, 164, 165, 166, 168
– gefahr 127, 128
– pflicht 49, 50
Verjährung
– von Gewährleistungsansprüchen 25, 78, 137, 139 ff
– von Schadensersatzansprüchen 143
– von Vergütungsansprüchen 165, 169
– unterbrechung 144
Verschulden 84, 129, 133, 136, 145, 158
Vertrag 7, 48, 126, 136, 164
Architekten – 54, 56, 58, 60
– aufhebung 128
Bauträger – 64, 66
– bedingungen 98
– erfüllung 43, 88, 91, 97, 109, 136
Hauptpflichten des – 40, 50, 85, 91, 126, 163
Nebenpflichten des – 40, 50, 97
– parteien 40, 52, 58, 65, 75, 97
(– partner) 110, 116, 121, 136, 141, 158
Vertragsstrafe 24, 32, 44, 60, 81, 88, 118, 121, 155 ff
Verwaltungsanweisung 21
Verzug
Annahme – 87, 89, 91, 128
– der Nachbesserung 132
Schuldner – 49, 88, 89, 90, 104, 156, 157, 160, 167
VOB 21, 25, 27, 69, 82, 103, 106, 110, 115, 132
– Teil A 18, 21, 70, 100
– Teil B 22, 73, 79, 84, 99, 114, 134, 150, 163
– Teil C 22, 25
Rechtsnatur der – 22, 23
– Vertrag 15, 63, 129, 130, 135, 136, 140, 149, 154, 165, 167, 169
Verwendung der – 26
Vollmacht 52, 53, 54, 56, 63, 67, 103, 113, 153

Anscheins- und Duldungs – 51, 52, 53, 60, 63
Architekten – 56, 59, 77, 160
Vorbehalt
– wegen bekannter Mängel 32, 68, 69, 71, 77, 81, 96 f,
 101, 103, 104, 118, 119, 120, 149 ff
– wegen Vertragsstrafe 32, 81, 101, 104, 118, 119, 155 ff
Voruntersuchung 7

Werkvertrag 14, 15, 19, 22, 33, 55, 60, 63, 83, 125, 127,
 137, 138, 143, 168
– oder Abnahme 43, 81, 168
BGB – 26, 30, 98, 110, 130, 139, 154, 164
Werktag 32, 73, 75, 80, 95, 99, 108, 111, 113, 117, 156,
 160, 165, 167
Werklieferung 16, 20, 64
Willenserklärung 38, 53, 60, 87, 90, 95, 104, 106, 114,
 150, 160

W

Wandlung 103, 133, 137, 140, 145, 150
Werk 14, 64, 132
Architekten – 54
Herstellung des – 14, 126
– leistung 43, 125, 129, 139, 143, 147
– lohn 168
– übergabe 35, 43
Untergang oder
Verschlechterung des – 129

Z

Zahlung 49, 75, 107, 126, 130, 137, 139, 147, 164, 166
Abschlags – 49, 52, 109, 125, 164, 167
Schluß – 49, 108, 148, 163, 165
Voraus – 24, 49
Zurückbehaltungsrecht 147, 166